Pythonで学ぶ

はじめての
AIプログラミング

自然言語処理と音声処理

小高知宏　著

Ohmsha

はじめに

　本書の前身にあたる『はじめての AI プログラミング　C 言語で作る人工知能と人工無能』が 2006 年に刊行されてから、ほぼ 15 年が経過しました。この間、本書の主題である人工知能システム、特に自然言語による応答システムについては、それ以前にも増して大きな関心が寄せられています。また人工知能の世界では、前著発行当時と比べて、ディープラーニング（深層学習）の台頭などの大きな変革が生じており、現在もその変革が進行しつつあります。

　そこで本書では、前著の意図を生かしつつ、ディープラーニングなど最近の技術も取り上げて、現代的視点から人工無脳システムを改めて見つめてみたいと思います。前著では当時の技術的状況を考慮してサンプルプログラムを C 言語で示しましたが、本書では Python を用いることにしました。これは、最近の人工知能研究のトレンドを反映した結果です。Python を利用したことで、C 言語の場合よりも簡潔なプログラムコードでシステムを表現することができ、枝葉末節にとらわれずに人工知能の技術を説明することができたと考えています。また、前著ではチャットボットの呼称として "人工無能" を用いましたが、これも最近の流れに従って、本書では "人工無脳" と表記することとしました。

　本書の実現にあたっては、著者の所属する福井大学での教育研究活動を通じて得た経験が極めて重要でした。この機会を与えてくださった福井大学の教職員と学生の皆様に感謝いたします。また、本書実現の機会を与えてくださったオーム社編集局の皆様にも改めて感謝いたします。最後に、執筆を支えてくれた家族（洋子、研太郎、桃子、優）にも感謝したいと思います。

2020 年 8 月

小高　知宏

目　次

付　録

■ サンプルファイルについて

　サンプルファイルの著作権は、著者 小高 知宏に帰属します。著作権は放棄していませんが、本書を使った学習のなかで、ファイルは自由に変更してお使いください。

　本書で用いるサンプルファイルは、以下の手順でご利用いただけます。

1. オーム社の Web サイト　https://www.ohmsha.co.jp/　を開きます。
2. 「書籍・雑誌検索」で『Python で学ぶ はじめての AI プログラミング 自然言語処理と音声処理』または本書の ISBN「9784274225963」を検索します。
3. 本書紹介ページの「ダウンロード」タブを開き、ダウンロードリンクをクリックします。
4. ダウンロードしたファイルを解凍します。

　※ダウンロードサービスは、やむを得ない事情により、予告なく中断・中止する場合があります。

■ 免責事項

　本書および本書のサンプルファイルの内容を適用した結果、および適用できなかった結果から生じた、あらゆる直接的および間接的被害に対し、著者、出版社とも一切の責任を負いませんので、ご了承ください。また、ソフトウェアの動作・実行環境・操作についての質問は、一切お答えすることはできません。

　本書の内容は原則として、執筆時点（2020 年 8 月）のものです。その後の状況によって変更となっている情報もあり得ますのでご注意ください。

第1章

人工無脳から
人工知能へ

　本書では、人工人格の創造を目指して、人工知能技術により人工無脳を高めていく方法を示します。そこで第1章では、人工無脳と人工知能について概説します。

　この本を手にされた多くの方は、人工知能という言葉を耳にしたことがあるでしょう。またおそらく、人工無脳という表現を見かけたこともあるのではないでしょうか。そこで本書のはじめにあたり、まず、一般に人工無脳と呼ばれるプログラムシステムについて説明し、その後で今度は人工知能についてその歴史に沿って説明したいと思います。そして両方を概観したうえで、人工無脳と人工知能のかかわり合いについて考えてみたいと思います。

1.1 人工無脳とは

　人工無脳という言葉は、比較的最近生まれた言葉です。人工無脳は一種のコンピュータプログラムです。人間がキーボードから文字を打ち込むと、人工無脳はその入力に対して返答します。その返答は人間の打ち込んだ文字の内容によりさまざまに変化します。それはあたかも人工無脳プログラムが自分で何かを考えて、人間に返事をしているかのようにも見えます。人工無脳のプログラムはインターネットのチャットシステムでも見かけます（**図1.1**）。チャットシステムで稼働する人工無脳を、チャットボットと呼びます。よくできたチャットボットは、人間を相手に人間のふりをしてチャットを進めることも可能なほどです。

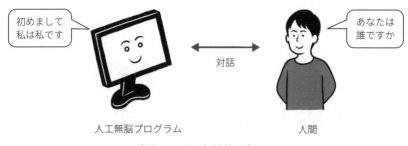

◆図1.1　人工無脳プログラム

　図1.2は、人間と人工無脳プログラムのやり取りの例です。図中のOdakaは人間の利用者であり、Odakaから始まる行は人間の入力した文を表します。Odakaさんはコンピュータに向かってキーボードから日本語を入力しているのです。一方、Sakuraという書き出しで始まる行は、人工無脳プログラムの出力文です。この人工無脳プログラムSakuraは、Odakaさんの入力文に対して、意味のあるような、ないような返答をしています。

　1行目、人工無脳Sakuraは著者と同名の「小高先生」という人についての発言を行っています。2行目のOdakaさんは、Sakuraの言葉遣いがおかしいので修正しようとしたようです。3行目のSakuraは、Odakaさんの発言を侮辱（?）したうえに、「小高先生」についてのもっともらしい意見を述べてい

Sakura	小高先生とは福井大学の先生であるか？
Odaka	あるか？ではなく「小高先生はだれですか？」と聞きましょう
Sakura	ばーか会話から学習したいと強く願っているひとなのかね
Odaka	ばーかな会話でなく、より高度な会話を望みます。
Sakura	名詞が取り出せるかなんつーか会話から学習したいんですけどね
Odaka	会話ですか。学習対象になりますか
Sakura	あ。こんばんは。お話しいただけるとは意味不明の会話をする確率が高いのは吉岡さんが撃たれたからですよ
Odaka	吉岡さんとはだれですか？
Sakura	恋を逃す人らしい。近藤さん、あなたには貴方にとってどんな人間なの？
Odaka	私は近藤さんではありません
Sakura	いやいや、近藤と豊田の顔へと昇り詰めればいいですね。
Odaka	あなたは誰ですか
Sakura	初めまして私は私です
Odaka	あなたはあなたでしょうね
Sakura	完全に内輪ネタが来ている。私は私ですではない
Odaka	私はOdakaです
Sakura	なんか名前がまたおかしいし
Odaka	名前はおかしくはないですよ

◆図1.2　人工無脳プログラム Sakura の実行例

ます。これに対して Odaka さんは少々気分を害し、Sakura に苦言を呈しています。以下、Odaka さんががんばって付き合っているという印象はありますが、人工無脳プログラムである Sakura の返答も、まるででたらめということはありません。むしろ、文脈に沿った応答をしているといえなくもありません。

　Sakura は私たち（著者）の研究グループが人工無脳のあり方について研究をするために作ったプログラムです。Sakura は Web のチャットシステム上で稼働します。このような人工無脳をチャットボットと呼ぶ人もいます。私たちの実験では、人間の利用者には Sakura がプログラムであることを明らかにしたうえで対話してもらっています。図 1.2 に示した例は、Sakura がプログラムであることを承知したうえで、人間の利用者 Odaka さんが、ネットワーク経由で自由に入力してくれた例です。図 1.2 の例では個人情報の保護などの理由から特に人間側の発言は大きく修正してありますが、Sakura の返答は基本的には人工無脳プログラムの出力のままです。Sakura はずっとこんな調子の会話を進めています。人工無脳は、こんな会話を行うことができるのです。

　しかし、Sakuraが人間のような知能を持っているとか、ましてや人間が持つ心をSakuraも持っているなどと主張するつもりは決してありません。人工無脳プログラムには何の魔法もかけていません。パソコンで稼働する普通のプログラムです。ワープロや表計算ソフトと原理的に何の違いもありません。その人工無脳プログラムが人間と会話できるのはなぜでしょうか。

　この疑問は実はかなり本質的な問題を含んでいます。何を問題と考えるかによって、この問いにはさまざまな答えを用意することができます。哲学や心理学、言語学、神経科学、それに人工知能を含めた情報科学のさまざまな立場で答えを用意することができるでしょう。しかし、本書の目的は人工無脳を通して人工知能の技術を示すことですから、ここではその答えとして、人工無脳プログラムが何をしているのかを簡単に説明することにします。そして、これ以外の答えについては、本書の最終章（第9章）に考察として示すことにします。

　Sakuraを含めた人工無脳プログラムは、ごく大雑把にいって**図1.3**に示すような構成のプログラムであり、**図1.4**に示すような処理を行っています。

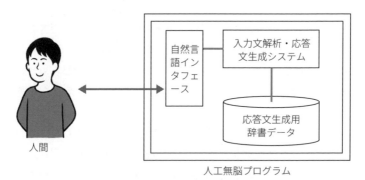

◆**図1.3　人工無脳プログラムの概略構成**

　人工無脳プログラムが人間の入力文に対して返答できるのは、応答用のデータを持っているからです。このデータを「応答文生成用辞書データ」、あるいは単に辞書と呼ぶことにします。人工無脳は、辞書と人間からの入力文を使って、あるルールに従って応答文を生成するのです。この処理は単なる記号の並べ替えですから、ある意味では応答文はでたらめに生成されているということ

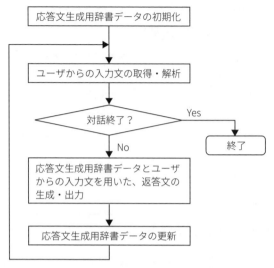

◆図 1.4　人工無脳プログラムの基本動作

もできます。しかし、生成のルールや辞書がもっともらしく構成されていれ
ば、先に示したように、ある程度人間に似せた応答文を生成することも可能な
のです。入力文を使って逐次辞書を更新することで、人間の入力文から新しい
文を学習することも可能です。そうすれば、文脈に沿った応答をしているよう
に見せることもできます。

　しかしいずれにせよ、人工無脳プログラムは入力文と辞書のパターンから機
械的に応答文を生成しているに過ぎません。人工無脳には人間の持つような自
意識もありませんし、高等な動物の持つ感情もありません。人工無脳プログラ
ムがなぜ「無脳」と呼ばれるのか、それは人工無脳プログラムが「何も考えて
いない」とされているからでしょう。知能や知性を持たない単なるプログラム
という意味で、人工無脳と呼ばれるようです。

　人工無脳に対して、人工知能という言葉があります。人工知能は、情報科学
という学問分野のなかの一つの研究領域を指し示す言葉です。しかし、「人工
の知能」とは何でしょうか。人工知能では、人間のような知能を持つプログラ
ムを作ることができるのでしょうか。次節では、人工知能についてその歴史を
概観したいと思います。

1.2 人工知能の歴史

　人間以外の存在も知能を持ちうるという考えが生まれたのは、コンピュータ誕生よりはるか以前にさかのぼります。たとえば、ギリシャ神話に登場するピグマリオンの物語では、象牙彫刻の女性像に恋をしたピグマリオン王が、神に願って彫刻に生命を与えてもらいます。これに類する物語はたくさんありますが、本書で興味を持つのはあくまで技術です。この意味では、コンピュータの誕生した 1940 年代までは、あまり見るべきものはないかもしれません。

1.2.1　チューリングテスト

　コンピュータの誕生した 1940 年代には、人工知能についての重要な問題提起がありました。イギリスの数学者であるアラン・チューリング（A. M. Turing）は、コンピュータ誕生に大きな影響を与えました。チューリングは、コンピュータの原理を記述する数理的モデルである「チューリングマシン」を提唱することで、コンピュータの計算原理やその能力を理論的に示しました。それと同時に、チューリングはコンピュータと知能との関係について深い考察を展開しています。チューリングは 1950 年の論文 "Computing Machinery and Intelligence"（計算機械と知能）において、次のような考察を示しています。

　まず、「機械（コンピュータ）が知能を持つかどうか」という扱いの難しい問題を、**図 1.5** に示すような実験可能な形式の問題に変換します。そのうえで、チューリングは機械の知能についてのさまざまな考察を展開しています。

　チューリングの提唱したこの実験は、現在「チューリングテスト」と呼ばれています。ただし、**図 1.6** のように、かなり簡略化された問題に変えられている場合が多いようです。

　チューリングテストにはさまざまな問題があります。たとえば、現在稼働中の人工無脳でも、場合によっては人間を完璧にだましてしまう場合もあります。しかしだからといって、ただちに現在のコンピュータに人間のような知能があると結論する人はいないでしょう。哲学者のジョン・サール（John

　実験に参加するのは、男女各 1 名の回答者と、質問者 1 名の計 3 名です。質問者は、別室にいる回答者に対して、テレタイプ（今でいうウェブチャット）で質問を発します。応答は文字だけで行い、相手の声や姿を知る方法はありません。また、質問者は、返答する回答者のいずれが男性か女性かを知らされません。

　質問者の目標は、2 名の回答者のうちのどちらが女性かを当てることです。回答者は、質問者を惑わすような回答をしますから、そう簡単には、どちらの回答者が女性かを当てることはできません。

　このとき、男性の回答者を機械（コンピュータ）に置き換えます。そうしたときに、機械（コンピュータ）が質問者を同じように惑わすことができれば、機械（コンピュータ）には知能があると判定できるのではないでしょうか。

◆図 1.5　オリジナル版「チューリングテスト」（チューリングはこの実験を「The Imitation Game」と呼んでいます）

回答者（コンピュータ）　　　質問者　　　回答者（人間）

◆図 1.6　一般に流布している「チューリングテスト」

Searle）は、第 9 章で述べるように「中国語の部屋」という思考実験を示して、チューリングテストあるいは現在の人工知能の持つ問題点を指摘しています。また、チューリングテストを国際的なコンテストにしたローブナー賞コンテストという催しが毎年実施されていますが、これにも「何の知能を測定しているのかわからない」などといった、さまざまな議論があります。

　こうした議論にもかかわらず、チューリングの主張は非常に大きな意味を持っています。チューリングテストの趣旨では、ごく限られた局面において機械（コンピュータ）が外見的に知的に振る舞えば、その内部構成に関係なく機械（コンピュータ）が知的であると結論します。機械の示す知能が、人間の持っている知能と同じであるか異なるかは気にせず、あくまで外見的に知的に振る舞えばそれでよいとするのです。チューリングテストの意味での知能は、人間の持つ知能とは大きく異なる場合が多いでしょう。しかしそういう意味の

知能が存在しうるし、これも積極的に知能と呼ぼうとするのが、チューリングの主張です。この立場は、人工知能という学問分野の成立に非常に大きな影響を与えました。ちなみにこの立場からすれば、よくできた人工無脳プログラムは明らかに知的なプログラムです。

　なお、チューリングの名前は、国際的な計算機学会である ACM が計算機科学界の功労者に与える賞である「チューリング賞」にその名前が冠されています。チューリング賞は、コンピュータ界のノーベル賞ともいわれる権威ある賞です。ちなみに、2020 年現在、まだ日本人の受賞者はいません。本書読者の皆様が人工無脳研究によりチューリング賞を受賞されることを願います。

1.2.2　人工知能の誕生──ダートマス会議

　1956 年の夏、情報科学において一つの学問領域を切り開く、画期的なセミナーが開催されました。ジョン・マッカーシー（J. McCarthy）やマービン・ミンスキー（M. L. Minsky）といった研究者が、ダートマス大学において、2 カ月間に渡るサマーセミナーを開催したのです。このセミナーは、「ダートマス会議」として知られるようになります。人工知能（Artificial Intelligence：AI）という言葉は、マッカーシーがダートマス会議に合わせて使い始めたといわれています。

　ダートマス会議では、現在の人工知能研究のさまざまな分野について検討が進められました。この会議の 1 年前の 1955 年に発表された、会議開催に関する企画書である "A PROPOSAL FOR THE DARTMOUTH SUMMER RESEARCH PROJECT ON ARTIFICIAL INTELLIGENCE" によれば、自動プログラミングや自然言語処理、ニューラルネットワークといった話題が並んでいます。また、計算論など現在では人工知能とは少し離れた領域についても言及されています。そして、全体としてのトーンは、コンピュータの能力が進歩してプログラム技術が向上すれば、コンピュータにも知的行動をとらせることができるようになるという楽観論に立っているように思われます。

　ダートマス会議の後、人工知能研究は極めて活発に進められます。そして、時代によっては批判を受けたり停滞したこともありますが、次に示すようなさまざまな成果をあげていきます。

1.2.3 人工知能の成果

　人工知能研究によって生まれ出た技術を、**表 1.1** に示します。表 1.1 にある
ように、かな漢字変換や検索エンジンなど、誰もが利用する極めて重要な技術
が人工知能研究から生まれ出てきました。このように、人工知能の研究成果
は、たくさんの実用的で役に立つ技術として実を結んでいます。でも人工知能
という研究領域は不思議な領域で、役に立つ技術となったとたんにその技術は
人工知能の研究対象から外れていきます。表 1.1 の技術も、それぞれ独立した
研究領域として人工知能から離れており、現在の人工知能分野では研究対象と
することはありません。しかしいずれの技術も、本来は人工知能の研究から生
まれてきたものばかりです。

◆表 1.1　人工知能研究から生まれた技術

名　称	説　明
プログラミング言語	人工言語で記述した手続きをコンピュータで実行可能な機械語プログラムに変換する技術。コンパイラやインタプリタ。
かな漢字変換	ローマ字やカタカナの文字列を漢字文字列に変換する技術。
エキスパートシステム	専門家の持つ知識を組み込んで、高度なコンサルティングを行うシステム。故障診断や株価予測、システムデザイン、医療診断などのエキスパートシステムが存在する。知識の抽出や記述については、知識工学という独立した研究分野となっている。
音声認識	人間の音声をとらえ、コンピュータで処理可能な形式に変換する技術。音声応答システムなどにも応用される。
検索エンジン	Web ページのデータベースから、目的とするキーワードに関連するページの情報を探し出すシステム。

　これらの成果をご覧になり、読者の皆さんは何をお考えになるでしょうか。
一つの感想は、どれもあまり知的とはいえない技術だ、というものではないで
しょうか。実際、プログラミング言語も、かな漢字変換も、「人工の知能」と
呼ぶにはかなり違和感があります。かなりひいき目に見ても、これらの技術の
持つ知性は、人間の知性とは大きく異なる意味での知性でしょう。ここでもま
た、チューリングの機械知能の議論や、ダートマス会議における人工知能の成
立過程を思い出す必要があります。これらの成果から見ても、人工知能は、人
間の知能そのものを追及するだけの学問とはいえないことがわかります。

　ここで注意していただきたいのは、「人工知能がつまらない」と言っている

のではないという点です。表 1.1 に示した技術は、いずれも非常に役に立つものばかりです。また、人間にはとてもできないような作業を極めて短時間に行うなど、ある意味では人間の知的能力をはるかに超えた能力を持つものもあります。人工知能の目的は、人間の持つような知能を実現することではなく、コンピュータを知的に振る舞わせるにはどうしたらよいかを考えることや、それによって有用な技術を確立することで人類に利益を与えるにはどうしたらよいかを追求することにあるといえるでしょう。

1.2.4　積み木の世界と ELIZA

こうした数々の技術のなかにあって、いまだに研究途上であり人工知能の研究領域から巣立っていないものの一つに、会話応答システムがあります。会話応答システムとは、自然言語を用いてコンピュータが人間と会話をするシステムです。情報検索やさまざまなコンピュータプログラムのインタフェースとして実用化が期待されています。

さて、歴史的に見て会話応答システムにかかわる重要な研究として、テリー・ウィノグラード（Terry Winograd）の SHRDLU があります。SHRDLU はウィノグラードが MIT（マサチューセッツ工科大学）の人工知能研究所において 1970 年前後に開発を進めたプログラムシステムです。SHRDLU では、普通の英語でコンピュータに指示を与えることで、ディスプレイに表示された積み木をコンピュータグラフィックスのアームが操作します。このため、SHRDLU は「積み木の世界」として紹介される場合も多いようです（**図1.7**）。SHRDLU は人間の発するあいまいな指示を解釈し、必要に応じて適当な推論をしたり、その結果について人間に対して確認することができます。

SHRDLU は、机の上に積み木が置かれているというような非常に限定された環境であれば、コンピュータが人間の自由な発話を理解しうるということを示したプログラムです。ある意味では、チューリングの提案に対する回答になっているといえるかもしれません。コンピュータを知的に振る舞わせたいという人工知能の基本的立場からすれば、SHRDLU は偉大な歴史的業績の一つといえるでしょう。

もう一つ、会話応答システム研究の歴史をたどるうえで、避けて通れない

積み木の世界（コンピュータグラフィックス）

網掛けの三角ブロックをつかめ！

◆図 1.7　積み木の世界の様子

のが、ジョセフ・ワイゼンバウム（Joseph Weizenbaum）の ELIZA（イライザ）です（**図 1.8**）。ELIZA は極めて簡単なしくみで人間と対話を行う会話応答システムです。発表されたのは SHRDLU よりも早く、1966 年に ACM（国際計算機学会）の学会誌に論文として発表されています。ワイゼンバウムが論文で主張しているように、ELIZA はまるでロジャース派の心理カウンセラーのように振る舞います。ロジャース派のカウンセラーは、クライアント（この場合はカウンセリングを受ける人のことです）の言うことに対して、自分の意見を挟まず、もっぱら共感を示すことでカウンセリングを進めます。ELIZA も同様に、利用者が自由に英語で文を入力すると、それに対して相づちを打ったり、あるいはちょっとした質問をしたりしながら会話を進めます。ELIZA は現在でも健在で、たとえば DOCTOR という名前のプログラムとして emacs エディタで使うことができます。

あなたの心配事について話してください

私には心配事があります

◆図 1.8　ELIZA 流カウンセリング

　ELIZA は実は、人工無脳と同じようなしくみでカウンセリングを行います。つまり、相手の発言に現れた特定のキーワードに対して反応したり、人称代名詞を入れ替えることで、単なるオウム返しをそれらしい返答に書き換えているのです。したがって、人工無脳と同様に、ELIZA は人間のような知性を持つわけではありませんし、相手の発言を理解するわけでもありません。にもかかわらず ELIZA がそれらしい会話をする場合があることに、当時の人工知能研究者たちは驚きました。ELIZA はチューリングテストに完璧に合格するという見解まで出て、さらに大きな議論を引き起こします。実は、ワイゼンバウム自身も、人々が ELIZA に対して示す驚きを見て困惑してしまいます。そしてその後、ワイゼンバウムは人工知能に関する批判的考察を展開することになります。こうしてみると、現在も活発に展開されている人工無脳に関する議論は、人工知能分野ではかれこれ 50 年以上も前から進められていたことがわかります。

1.3　人工知能技術と人工無脳

1.3.1　人工無脳 ≒ 人工知能

　ここまでの説明からわかるように、実は人工無脳と人工知能は切っても切れない間柄なのです。それどころか、人工無脳は人工知能そのものと考えても間違いありません（**図 1.9**）。「コンピュータによる知的活動の実現のみを目指し、その構成方法や手段を問わない」とする人工知能研究の基本的立場は、まさに人工無脳の立場と重なります。チューリングの夢見た機械の知能も、積み木の世界に暮らす SHRDLU も、あるいはワイゼンバウムの ELIZA すらも、人工無脳の目標であり対象であるということができるでしょう。

　だとすれば、人工知能の技術が人工無脳の構成に役立たないはずがありません。1956 年のダートマス会議から 60 年以上をかけて、人工知能の世界ではさまざまな技術的検討が進んできました。この半世紀以上にわたる検討の結果を、人工無脳構築に役立てないという理由はありません。人工知能の世界に

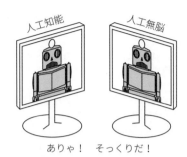

◆図 1.9　人工無脳≒人工知能

は、すぐに役に立つ技術がたくさんあります。また、こうすればここまででき
るという技術的限界に関する知識や、場合によっては、これをやると必ず失敗
するという経験についても、わかっていることがたくさんあります。こうした
技術や知恵を出発点とすれば、人工無脳の構成はずっと容易になるはずです。
本書では以降、人工知能技術を人工無脳の立場から検討することで、最終目標
とする「人工人格」へ至る道筋について考えていくことにします（**図 1.10**）。
ここで「人工人格」とは、人工知能や人工無脳の技術で作る、コンピュータプ
ログラムで表現された人格を意味する造語です。人工人格については、最終章
（第 9 章）で改めて考えることにします。

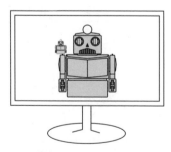

◆図 1.10　人工知能という巨人の肩の上に乗る人工無脳

1.3.2　人工知能の技術

　人工知能は大変幅の広い学問分野です。そのなかでも、人工無脳の構成に深
く関連すると思われる技術分野を**表 1.2** に示します。

◆表 1.2　人工無脳とかかわりの深い人工知能技術分野

分　野	内　容
テキスト処理	文章を文字の並びとして扱い、その特徴を抽出したり新たな文字列を生成するための技術体系。n-gram（エヌグラム）やマルコフ連鎖などの技術がよく用いられる。
自然言語処理	文章を単語や構文、文法や意味の観点から処理するための技術体系。音声処理や音声認識の技術とも関連する。
知識表現	知識の表現方法や知識を用いた推論などの知的活動に関する技術体系。
学習	経験に基づいて自らを変更するための枠組み。ニューラルネットワークや遺伝的アルゴリズムなどの技術も関連が深い。

　表 1.2 で、項目の 1 番目にある「テキスト処理」は、多分、すぐに応用のきく技術分野でしょう（**図 1.11**）。人工無脳のプログラムは、多くの場合文字処理を前提として Web ベースで稼働しています。ですから、テキスト処理技術は人工無脳に直接的に関連する技術です。表 1.2 にある、n-gram やマルコフ連鎖の考え方を用いることで、何となく日本語らしい文章を生成することも可能です。本書ではさっそく第 2 章で、テキスト処理について扱います。また、テキスト処理技術を用いたサンプルプログラムの構成方法についても具体的に説明します。

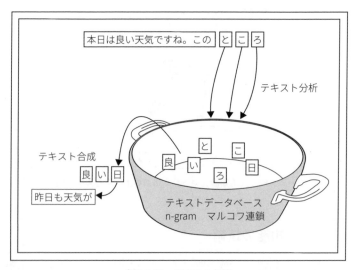

◆図 1.11　テキスト処理

　表 1.2 の 2 番目の「自然言語処理」は、少し"賢い"人工無脳を作ろうと思ったら必須の技術です（**図 1.12**）。「自然言語」という言葉は、日本語や英語のようないわゆる普通の言語を意味します。普通、自然言語という言葉は、プログラミング言語やエスペラント語のような言葉を総称する人工言語という言葉に対照させて用います。人工知能の世界ではただ「言語」というと、通常この両方を意味します。「自然言語処理」では、文章の構文や文章の意味を扱います。このため、「テキスト処理」と比較すると、「自然言語処理」ではより人間らしい文章を扱うことが可能です。第 3 章では、形態素解析や構文解析といった自然言語処理の手法を紹介します。第 3 章で示すサンプルプログラムの実行結果は、テキスト処理に基づくプログラムと比べると、より高度な人工無脳プログラムとなっています。

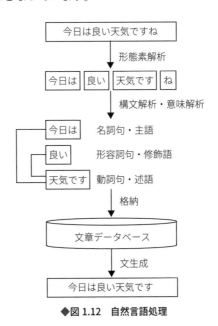

◆**図 1.12　自然言語処理**

　3 番目の「知識表現」は、他の三つの項目とも関連する重要な基礎技術です（**図 1.13**）。人工無脳プログラムを構成しようとすると、言語や対象世界に関する知識を何らかの形で明示的に表現する必要があります。また、データ処理のためのルールを記述するのにも知識表現の枠組みが必要になります。人工

知能の技術であるテキスト処理や自然言語処理、あるいは学習や推論において
も、「知識表現」は重要な役割を果たします。

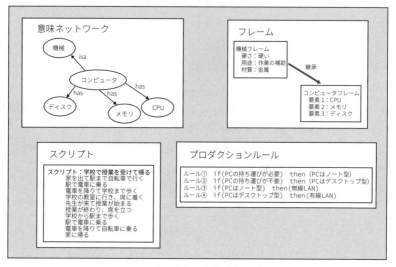

◆図 1.13　知識表現

　4 番目の「学習」は、人工無脳に "生命を吹き込む" ための基礎技術です
（**図 1.14**）。人工無脳プログラムでは、人間の入力に対して文脈に沿った応答
をすることが望まれます。人工知能の技術における学習の枠組みを用いること

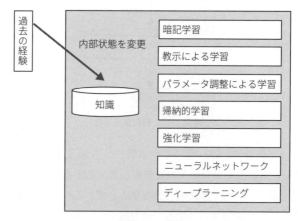

◆図 1.14　学習

で、人工無脳があたかも人間の発話を理解し、それに対して自らの"意志"により応答しているような動作をとらせることが可能です。

　以下本書では、こうした人工知能の技術を、人工無脳をキーワードとして説明していきます。また適宜具体的なアルゴリズムを示すとともに、パソコン上で動作可能なサンプルプログラムも示します。

1.4　人工無脳実現のための前提条件

1.4.1　今のコンピュータにできること

　人工無脳をコンピュータで実現するためには、処理の手順であるアルゴリズムをプログラムとして記述することが必要です。では、処理の手順はどの程度詳しく書き下す必要があるのでしょうか。たとえば「ユーザからの入力があったら返答せよ」という記述も、処理手順の記述には違いありません。しかし残念ながら、今のコンピュータではこの記述を実行することはできません。もしこれがコンピュータで実行可能ならば、この1行だけで人工無脳が実現できるのですが……。

　アルゴリズムをどの程度詳しく書く必要があるのかを決めるためには、今のコンピュータに何ができるかを知らなければなりません。この問題には正確な答えを簡単に与えることができます。なにしろコンピュータを作ったのは人間ですから。

　簡単にいうと、今のコンピュータができることは**図1.15**に示す①～③の三つだけです。これらの機能を組み合わせると、たとえば計算などのデータの加工を行うことも可能です。しかし、決してそれ以上のものではありません。したがって人工知能のアルゴリズムは、こうした極めて簡単な処理の組合せで記述する必要があります。人工無脳を実現するためには、とても多くの数の単純な処理を積み重ねていく必要があります。たとえば人間からの入力文のなかから特定の文字、たとえば「あ」という文字を探そうとすれば、次のような処理を行わなければなりません。

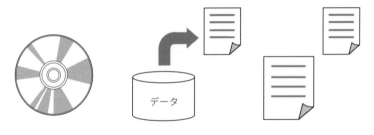

①データを記録すること　　②データを取り出すこと　　③データを比較すること

◆図 1.15　コンピュータの機能

(1) 記録された人間の入力文の、はじめの 1 文字を取り出す。

(2) 探そうとする特定の文字である「あ」を取り出す。

(3) 両者を比較する。一致していたら終了（発見）。

(4) 一致しなければ記録された人間の入力文の、次の 1 文字を取り出す。

(5) 探そうとする特定の文字である「あ」を取り出す。

(6) 両者を比較する。一致していたら終了（発見）。

(7) 一致しなければ記録された人間の入力文の、次の 1 文字を取り出す。

(8) ……

　もし記録された人間の入力文が 100 文字あれば、最悪の場合、上記のような処理を 100 回繰り返すわけです。これでやっと見つけたい 1 文字の検索が終了します。人間らしい応答をする人工無脳を作ろうと思うと、処理の手間はこの何千倍、何万倍に膨れ上がります。

1.4.2　プログラミング言語の役割

　以上のような処理を一つずつ記述しなければ、人工知能あるいは人工無脳を実現することはできません。ただし、上記の手続きを見て気づくように、処理の各ステップはとても似ていますし、ほとんど同じことの繰り返しです。もし複数のステップをひとまとめにして書くことができれば、記述の手間をずっと省くことができるでしょう。

　こうした考えに基づいて記述を少しでも手軽に行うためのしくみが、プログ

ラミング言語です。プログラミング言語は、コンピュータの処理手続きを少し
でも人間にわかりやすい形式で記述するためのしくみです。プログラミング言
語を用いると、コンピュータの基本機能を組み合わせた、より高級な機能を使
うことができます。たとえば上記の文字を探す処理であれば、たとえば次のよ
うに1行で書けます。

（1）記録された人間の入力文に、「あ」が含まれるかどうか調べる。

　プログラミング言語にはさまざまな種類があります。どのプログラミング言
語を使っても、同じコンピュータを使う限り、結局できることは同じです。な
ぜいろいろなプログラミング言語があるのでしょうか。これは、どんな仕事を
コンピュータにさせたいかに合わせてプログラミング言語が設計されるからで
す。では、人工無脳あるいは人工知能のプログラムを記述するのに向いている
プログラミング言語は何でしょうか。

　伝統的には、Lisp（リスプと読みます）言語や Prolog（プロローグと読み
ます）言語などが、人工知能のプログラム記述によく使われました。ちなみに
Lisp は、かのダートマス会議のマッカーシーによって開発された言語です。
これらの言語は、記号処理や論理の記述が手軽に行えるように工夫されていま
す。加えて、両者とも少しずつプログラムを継ぎ足しながら拡張していくよう
な、実験的なプログラミング作業に向いています。しかし Lisp や Prolog は、
現在ではいずれも特殊な用途に用いられるに過ぎず、本書で取り上げるのには
不向きです。

　本書では、Python（パイソン）を使ってプログラム例を記述することにし
ます。Python は 1990 年代に発表された比較的新しいプログラミング言語で
すが、人工知能や Web アプリケーションの世界では主要な言語としての地位
を確立しつつあります。Python は汎用のプログラミング言語であり、プログ
ラムが書きやすく読みやすい特徴があります。その結果、さまざまな分野向け
のライブラリが開発されており、それがさらに Python の利用を後押ししてい
ます。Python を使うためのプログラム、すなわち Python の言語処理系は、
Windows や macOS、Linux などで無料で高性能のものが利用できます。こ
うしたことから本書では Python を例題の記述に用いることにしました。Lisp
や Prolog でプログラム例を記述することもできますが、Python に比べると

ちょっと取っ付きが悪いのでやめておきたいと思います。

1.4.3　人工無脳プログラムはどうやって記述するか

　それでは、さっそく Python を用いて人工無脳プログラムを記述してみましょう。最初の第一歩ですから、簡単なところから始めます。しかし、1.1 節の図 1.2 に示した、人工無脳の基本的枠組みを実現することも念頭におきます。

　Python のプログラムを実行するためには、Python の処理系をインストールする必要があります。巻末の付録 A.1 に Python 処理系についてのインストールガイドがありますので、参考にしてください。なお、Python には、バージョン 2 の Python 2 と、バージョン 3 の Python 3 の、2 種類のバージョンがあります。以下では、バージョン 3 の Python 3 を利用します。そこで、インストールにおける注意点として、バージョン 3 の Python 3 が使えるようにインストールしてください。

　さてそれでは、最初の人工無脳プログラム「ai1.py」を動かしてみましょう。実行は簡単です。オーム社の Web サイトなどから手に入れた ai1.py プログラムを適当なフォルダにコピーして、Python のインタプリタに与えます。ここで、Python のインタプリタとは、ai1.py のような Python のソースリストを解釈・実行してくれるプログラムのことです。Python のインタプリタは、普通は「python」という名前のコマンドとして提供されています。図 1.16 に、実行例を示します。

```
C:¥Users¥odaka>python ai1.py
さくら：メッセージをどうぞ
あなた：こんにちは。
さくら：ふ～ん、それで？
あなた：私は小高です。
さくら：ふ～ん、それで？
あなた：あなたがさくらさんですね。
さくら：ふ～ん、それで？
あなた：・・・ご機嫌ななめですね。
さくら：ふ～ん、それで？
```

◆図 1.16　ai1.py の実行例（その 1）

```
あなた：まあ、いいですけど。
さくら：ふ〜ん、それで？
あなた：それでといわれても・・・
さくら：ふ〜ん、それで？
あなた：・・・
さくら：ふ〜ん、それで？
あなた：^Z
さくら：ばいば〜い

C:¥Users¥odaka>
```

◆図 1.16　ai1.py の実行例（その 2）

　ai1.py プログラムの動作を見てみましょう。ai1.py プログラムの起動には、Python インタプリタのコマンドである python に続いて、ソースリストを格納したファイルの名前である ai1.py を指定します。こうして ai1.py プログラムを起動すると、人工無脳さくらさんがメッセージを出力します（**図 1.17**）。

```
C:¥Users¥odaka>python ai1.py
さくら：メッセージをどうぞ
あなた：
```

◆図 1.17　ai1.py 起動直後の様子

　ウィンドウ上部、「あなた：」という出力の右側には、カーソルが点滅しています。この部分に発言を書き込みます。最下部の行にこれから入力する発言が、もっとも新しい発言となるのです。

　この状態で、ユーザ（人間）が発言を書き込みます。かな漢字変換を用いて日本語を入力し、最後に Enter キーを押します（**図 1.18**）。

```
さくら：メッセージをどうぞ
あなた：こんにちは。
```

◆図 1.18　人間が発言を書き込む

　Enter キーが押されると、人工無脳が返答します。あまり感心しない返答ですが、なにしろ人工無脳の第一ステップですから仕方ありません。

```
さくら：メッセージをどうぞ
あなた：こんにちは。
さくら：ふ〜ん、それで？
あなた：
```

◆図 1.19　人工無脳の返答

　それではということで、また人間がメッセージを書き込みます。Enter キー
を押して入力を終了すると、また人工無脳が返答します。

```
さくら：メッセージをどうぞ
あなた：こんにちは。
さくら：ふ〜ん、それで？
あなた：私は小高です。
さくら：ふ〜ん、それで？
あなた：
```

◆図 1.20　相変わらずの返答

　もうおわかりだと思いますが、ai1.py（人工無脳 1）プログラムは完全に
固定された返答文だけを返します。こんな人工無脳に何の意味があるのかと思
われるかもしれませんが、これでも 1.1 節の図 1.2 に示した、人工無脳の基本
的枠組みをちゃんと備えています。第 2 章以降のさまざまな技術を盛り込め
ば、それなりの人工無脳プログラムに成長させることも可能です。
　ai1.py プログラムの処理手順を説明します。図 1.21 に処理の流れを図示
します。流れは簡単です。すなわち、ユーザからの入力を受け取ったら、定型
の応答文を返すだけです。
　この処理を Python で記述した例を図 1.22 に示します。図 1.22 は、Python
のスクリプト、すなわち Python のソースリストです。このプログラムは、先
に示したように、Python のインタプリタを使って実行することができます。
なお、図では説明の都合上、行の先頭に行番号を振ってあります。実際のソー
スリストには行番号は不要です。

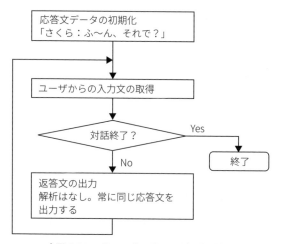

◆図 1.21　ai1.py プログラムの処理の流れ

```
 1  # -*- coding: utf-8 -*-
 2  """
 3  初めての人工無脳プログラム ai1.py
 4  このプログラムは、常に決まった返答文を返す人工無脳です
 5  本当に無脳ですね
 6  使い方  c:\>python ai1.py
 7  """
 8
 9  # メイン実行部
10  print("さくら：メッセージをどうぞ")
11  try:
12      while True :  # 会話しましょう
13          inputline = input("あなた：")
14          print("さくら：ふ〜ん、それで？")
15  except EOFError:
16      print("さくら：ばいば〜い")
17
18  # ai1.pyの終わり
```

◆図 1.22　ai1.py のソースリスト（ai1.py）

ai1.py（人工無脳 1）プログラムの処理内容について簡単に説明しましょう。まず大原則ですが、Python のプログラムはソースリストの先頭から順に実行されていきます。ですから、このプログラムも先頭から順に読んでいくこ

とでその内容を理解することができます。

　さて、図 1.22 の ai1.py プログラムは、次のような書き出しで始まっています。

```
1  # -*- coding: utf-8 -*-
2  """
3  初めての人工無脳プログラム ai1.py
4  このプログラムは、常に決まった返答文を返す人工無脳です
5  本当に無脳ですね
6  使い方  c:¥>python ai1.py
7  """
8
```

　はじめの行は、このプログラムで扱う文字の表現方法、すなわち文字コードを指定しています。具体的には、このプログラムでは文字コードとして UTF-8 という種類の文字コードを使うことを宣言しています。UTF-8 は Python では標準的な文字コードであり、本書ではすべての Python プログラムで UTF-8 を利用します。

　2 行目と 7 行目は、"（ダブルクォーテーション）という記号が三つだけ書かれています。これは、2 行目から 7 行目の間がコメントであることを表しています。コメントは、人間がプログラムを理解しやすくするために記入する、メモのようなものです。Python ではほかに、ある行に置かれた # から右の部分もコメントとなります。

　8 行目は、何も書かれていない、区切りを示すための行です。Python では基本的に空白の行は意味を持ちませんが、ここではプログラムの字面を整えるために空白の行を挿入しています。

```
 9  # メイン実行部
10  print("さくら：メッセージをどうぞ")
```

　9 行目はコメントで、10 行目以降が主たるプログラムの実行部であることを示しています。10 行目は、画面へのメッセージ出力を意味します。print というのは Python にあらかじめ用意されている関数の名前です。print() 関数には、指示された内容を画面に出力する機能があります。したがって 10 行目を実行すると、「さくら：メッセージをどうぞ」という出力が画面に現れます。

```
11  try:
12      while True :  # 会話しましょう
13          inputline = input("あなた：")
14          print("さくら：ふ～ん、それで？")
15  except EOFError:
16      print("さくら：ばいば～い")
17
18  # ai1.pyの終わり
```

11 行目の「try:」は、その後の 12 〜 14 行目のプログラムを実行して、エラーが発生しないかどうかを試しなさい、ということを意味しています。12 〜 14 行目は、一番左端からではなく、4 文字あるいは 8 文字だけ段を下げて記述してあります。このような段付けをインデントと呼びます。

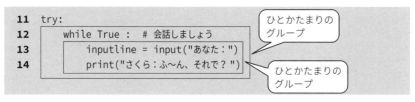

◆図 1.23　インデントによる文のグループ化

Python では、意味のうえでの文の集まりを、インデントを用いて表現します（**図 1.23**）。図 1.23 の例では、12 〜 14 行目がインデントによって意味のうえでのひとかたまりのグループであることが示されています。つまり、12 行〜 14 行目の実行中に何かのエラーが発生したら、それに対応しなさい、という意味を表しています。なお、さらにそのなかに、13 行目と 14 行目は一段深いインデントによって、一つの集まりとなっていることが示されます。

12 行目の while で始まる行は、条件が成り立っている間は 13 行目と 14 行目を繰り返す、繰り返し処理を表しています。繰り返しの条件は「True」としてあります。「True」はいつでも条件が成立することを表し、この場合には、繰り返し処理の本体である 13 行目と 14 行目を常に繰り返します。この繰り返しは、ユーザから入力終了の指示があるまで繰り返されます。

繰り返し処理の本体では、13 行目で input() 関数を用いてユーザからの入力を受け取り、これを変数 inputline に格納しています。続く 14 行目では、print() 関数を用いて同じメッセージ「さくら：ふ～ん、それで？」を繰り返し

て出力します。

　ai1.py プログラムでは、ユーザからの入力が終了すると、プログラム自体が終了します。入力終了のためには、Windows では Ctrl+Z（Ctrl キーを押しながら Z キーを押す）、macOS と Linux では Ctrl+D を入力します。これらのキーが入力されると、「EOFError」というエラーが発生します。すると、15 行目の「except　EOFError:」に処理が移ります。その結果、16 行目の print() 関数が実行され、「さくら：ばいば〜い」というエンディングメッセージが出力されてプログラムを終了します。

　以下本書では、ai1.py の枠組みをもとに、人工知能技術を導入することでより高度な対話応答システムを目指します。

第 **2** 章

文字を処理する ——テキスト処理の技術

　本章では、自然言語で書かれた文字の並びを処理する技術であるテキスト処理技術について説明します。テキスト処理研究の歴史は古く、たとえば 20 世紀の中ごろには、情報理論という学問の開祖であるクロード・シャノン（Claude Elwood Shannon）がテキスト処理に関する研究を積極的に行っていました。コンピュータを用いたテキスト処理自体も、人工知能にかかわる研究として、コンピュータの発明直後から行われています。

　ここでは特に n-gram（エヌグラムと読みます）とマルコフ連鎖について取り上げ、人工知能における自然言語処理とのかかわりから見ていきたいと思います。また、Python による具体的なプログラム例も示します。

2.1 n-gram によるテキスト処理

2.1.1 n-gram とは

　n-gram は、英語や日本語などの自然言語で記述された文章の特徴を定量的に把握するために開発された解析手法です。基本的な考え方は非常に素朴なもので、要するに、ある文章のなかにどんな文字の並びが何回出現したかを数えるというものです。n-gram の n は、着目する文字の並びの文字数です。たとえば 1-gram であれば、元の文章をばらばらの 1 文字ずつに分解し、それらの現れ方について解析します（**図 2.1**）。現れ方の傾向を調べることで、その文章の特徴を探るのです。日本語文章の解析においては n = 3 とする 3-gram を用いる場合が多いようです。これは日本語の単語の長さや、文法の特性に依存しています。

| 日本語の文章の特徴とは…… | ➡ | 日 \| 本 \| 語 \| の \| 文 \| 章 \| の \| 特 \| 徴 \| と \| は \| …… |

元の文　　　　1 文字ずつに分解　　　　1-gram の集合

◆**図 2.1　1-gram による文書の処理**

　具体例として、3-gram を用いて**図 2.2** に示した文の特徴を見てみましょう。はじめに、文を 3 文字ずつに分割することで 3-gram を作ります。できあがった 3-gram の集合を 3-gram 分布と呼びます。3-gram を作る際、1 文字ずつスタートの文字をずらしながら 3 文字の組を作ります。したがって、n 文字の文から 3-gram を作ると、$n - 2$ 個の 3-gram ができあがります。

　次に、作成した 3-gram を種類ごとにまとめます、この例の場合は 1 文だけですから、ほとんどが異なる種類の 3-gram になります。それでも、「日本語」という 3-gram は 2 回出現しています（**表 2.1**）。このことから、この例では日本語に関する主張を述べていることが推測されます。

　もっと多くの文字数を含む文章を対象とすれば、出現頻度順に 3-gram を並べることで、文章の特徴を表現することができるのです。また、複数の文章についてそれぞれの 3-gram の種類を比較することで、文章間の類似性を調べる

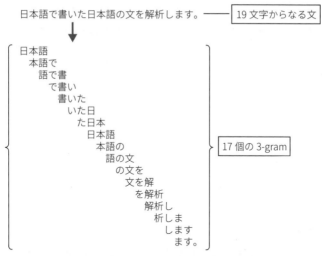

◆図 2.2　3-gram の作成

ことも可能です。また、多くの文章からあらかじめ 3-gram を集めれば、別の
文章に含まれる 3-gram が一般的かどうかを調べることができ、結果として文
の誤った表現を見つけることができる場合もあります。

◆表 2.1　3-gram の集計

3-gram	出現頻度
日本語	2
いた日 ｜ します ｜ た日本 ｜ で書い ｜ の文を ｜ ます。｜ を解析 ｜ 解析し ｜ 語で書 ｜ 語の文 ｜ 書いた ｜ 析しま ｜ 文を解 ｜ 本語で ｜ 本語の	1

　解析例として、表 2.2 〜表 2.4 を見てください。これらの 3-gram 分布は、
後に示す 3-gram 解析プログラムを用いて作成した解析例です。**表 2.2** と**表
2.3** は、夏目漱石の小説「坊っちゃん」の第 2 章および第 3 章の 3-gram 分布
（上位 20 位）です。また**表 2.4** は本書の第 1 章の 3-gram 分布（上位 20 位）
です。なお、「坊っちゃん」の電子テキストは、青空文庫という Web サイト
のデータを使わせていただきました。

◆表 2.2　夏目漱石「坊っちゃん」第 2 章の 3-gram 分布（上位 20 位）

順　位	出現頻度	3-gram	順　位	出現頻度	3-gram
1	39	った。	11	11	だから
2	21	から、	12	11	たが、
3	19	ない。	13	11	こんな
4	17	ている	14	10	思った
5	17	した。	15	10	云った
6	16	いる。	16	10	れから
7	15	と云っ	17	10	って、
8	14	と思っ	18	10	ったら
9	12	と云う	19	10	ある。
10	11	ていた	20	10	。おれ

◆表 2.3　夏目漱石「坊っちゃん」第 3 章の 3-gram 分布（上位 20 位）

順　位	出現頻度	3-gram	順　位	出現頻度	3-gram
1	36	った。	11	11	たら、
2	22	から、	12	11	した。
3	19	ある。	13	11	かった
4	16	って、	14	10	天麩羅
5	16	おれは	15	10	云った
6	15	と云う	16	10	ると、
7	15	。おれ	17	9	大きな
8	14	ない。	18	9	ような
9	12	と思っ	19	9	なかっ
10	12	と云っ	20	9	って来

◆表 2.4　第 1 章の 3-gram 分布（上位 20 位）

順　位	出現頻度	3-gram	順　位	出現頻度	3-gram
1	156	ます。	11	52	ること
2	118	ログラ	12	48	という
3	118	プログ	13	46	ンピュ
4	116	グラム	14	46	ュータ
5	93	人工無	15	46	ピュー
6	93	工無脳	16	46	コンピ
7	79	です。	17	43	ありま
8	59	人工知	18	41	します
9	59	工知能	19	38	、人工
10	59	います	20	35	ていま

　「坊っちゃん」の第2章と第3章は、表に示した部分だけを見ても、3-gram分布がよく似ていることがわかります。ちなみに、「から、」という理由を説明する表現が両方とも2位に入っていますが、このことから「坊っちゃん」が意外にも理屈っぽい文章であることがわかりますね。

　「坊っちゃん」に対して、本書の第1章の解析結果はまったく異なる分布であることが見てとれます。「人工知能」とか「人工無脳」、「プログラム」、あるいは「コンピュータ」といった単語が見え隠れしています。3-gram分布が、本書の主題を明確に示しています。

　n-gram を使うと、すでに書かれた文章の傾向を調べるだけでなく、文を生成することもできます。つまり、n-gram により与えられる文字のつながりの情報を使って、解析と逆の手続きにより文を生成します。以下では解析と生成のそれぞれについて、プログラム例を示しながら見ていきます。

2.1.2　n-gram による文の解析

■ 1-gram による解析

　それではまず、1-gram 分布を作成するプログラムを作ってみましょう（**図2.3**）。1-gram 分布を作成するためには、与えられた文を1文字ずつに切り分けなければなりません。そしてその後、ばらばらになった 1-gram を集計することで、1-gram 分布の特徴を調べることにします。

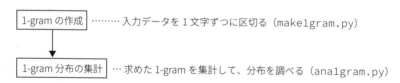

　1-gram の作成　……… 入力データを1文字ずつに区切る（make1gram.py）

　1-gram 分布の集計　… 求めた 1-gram を集計して、分布を調べる（ana1gram.py）

◆図 2.3　1-gram 解析の手順

1-gram の作成

　最初は 1-gram の作成です。1-gram を作成するプログラムを考えてみましょう。このプログラムを make1gram.py と名付けることにします.

　Python を用いてこのプログラムを作ることは、極めて簡単です。つまり、日本語のデータをいったん読み込んで、そのデータを1文字ずつばらばらに

して出力すればよいのです。

　入力文を 1 文字ずつに区切って出力するプログラム make1gram.py を**図 2.4**
に示します。

```
 1  # -*- coding: utf-8 -*-
 2  """
 3  make1gram.pyプログラム
 4  文字を単位とした1-gramを作成します
 5  使い方  c:¥>python make1gram.py < （テキストデータ）
 6  """
 7  # モジュールのインポート
 8  import sys
 9
10  # メイン実行部
11  # 解析対象文字列の読み込み
12  inputtext = sys.stdin.read()
13
14  # 1-gramの生成
15  for chr in inputtext:
16      print(chr)
17
18  # make1gram.pyの終わり
```

◆**図 2.4　入力文を 1 文字ずつに区切って出力する make1gram.py プログラム**

　make1gram.py プログラムの実行例を**図 2.5** に示します。図 2.5 では、
make1gram.py プログラムに対してキーボードから日本語の文字列「文字列を
入力します。」を入力しています。文字列の入力の終わりに Enter キーを押して
改行し、さらに次の行では Ctrl+Z を入力することで、プログラムに対して文
字列の入力が終わったことを知らせています。その結果プログラムは、入力さ
れた文字列から文字を 1 文字ずつ取り出して、1 行に 1 文字ずつの形式で出力
しています。

```
C:¥Users¥odaka>python make1gram.py
文字列を入力します。
^Z
文
字
```

◆**図 2.5　make1gram.py プログラムの実行例（1）　キーボードからの入力（その 1）**

```
列
を
入
力
し
ま
す
。

C:¥Users¥odaka>
```

◆図 2.5　make1gram.py プログラムの実行例（1）　キーボードからの入力（その 2）

　プログラムへの入力をいつもキーボードから行うのでは、大規模なデータを扱うことはできません。そこで**図 2.6** では、日本語テキストの格納されたファイルから、make1gram.py プログラムにデータを入力する例を示しています。

```
C:¥Users¥odaka>type jtext1.txt
これは日本語の文章です。以上です。
C:¥Users¥odaka>python make1gram.py < jtext1.txt
こ
れ
は
日
本
語
の
文
章
で
す
。
以
上
で
す
。
```

◆図 2.6　make1gram.py プログラムの実行例（2）　ファイルからの入力

　図 2.6 において、はじめの行では、type コマンドを用いて jtext1.txt とい

う名前のテキストファイルの中身を表示しています。この例では、jtext1.txt
ファイルと make1gram.py プログラムは、C ドライブの ¥Users¥odaka という
ディレクトリ（フォルダ）に置かれていると仮定しています。type コマンドの
実行結果から、jtext1.txt ファイルには 1 行 2 文からなる日本語のテキスト
「これは日本語の文章です。以上です。」が格納されていることがわかります。

　図 2.6 では続いて、make1gram.py プログラムを実行しています。プログラ
ムの実行にあたって、「<」という記号を用いてファイルからの入力を指示し
ています。これは make1gram.py プログラムに対して、jtext1.txt という
ファイルに格納された文字データを与えることを意味します。実行結果とし
て、jtext1.txt ファイルに格納された文字列が 1 文字ずつばらばらに画面出
力されています。

　図 2.7 では、次のようにしてプログラムを実行しています。

```
C:¥Users¥odaka>python make1gram.py < jtext1.txt > result.txt
```

　今度は、「<」という記号を用いて jtext1.txt ファイルからの入力を指
示するとともに、逆向きの記号である「>」を用いることで、実行結果を画
面ではなく、result.txt という名前のファイルに書き出すことを指定して
います。実行結果は画面には出力されませんが、続く type コマンドによる
result.txt ファイルの内容表示によって、make1gram.py プログラムの実行
結果がファイルに格納されていたことが確認できます。これらのように、「<」
や「>」を用いてキーボード入力や画面出力をファイルに切り替える機能を、
リダイレクトといいます。

```
C:¥Users¥odaka>python make1gram.py < jtext1.txt > result.txt
C:¥Users¥odaka>type result.txt
こ
れ
は
日
本
語
（以下出力が続く）
```

◆図 2.7　make1gram.py プログラムの実行例（3）　ファイルからの入出力

　それでは次に、make1gram.py プログラムの中身を簡単に説明しましょう。
1 行目は、ai1.py プログラムの場合と同様、このプログラムでは文字コード
として UTF-8 という種類の文字コードを使うことを宣言しています。2 〜 6 行
目はコメントです。ここでは、プログラムの簡単な説明を書いています。

　7 行目はコメントであり、8 行目の次の記述によって sys モジュールをイン
ポートすることが説明されています。

```
7   # モジュールのインポート
8   import sys
```

　Python のモジュールは、あらかじめ用意された便利なプログラムの集合で
す。モジュールの機能を利用するためには、モジュールをインポートする、す
なわちモジュールをあらかじめ読み込んでおく必要があります。ここでは 12
行目で一括してファイルから文字列を読み取るための機能を利用するために、
sys モジュールをインポートしています。

　続いて 12 行目で、inputtext という変数にテキストデータを読み込んでい
ます。読み込みには、sys.stdin.read() というメソッドを用いています。
このメソッドは、sys モジュールに含まれています。

　inputtext 変数にテキストデータを読み込んだら、後は 1 文字ずつ出力す
るだけです。15 行目と 16 行目の for 文によって、入力されたテキストデー
タが 1 文字ずつ画面に出力されます。

```
15   for chr in inputtext:
16       print(chr)
```

　Python では、for 文における繰り返しの指示はさまざまな方法で記述する
ことができます。ここでは、inputtext 変数に格納された文字列を構成する
すべての文字を 1 文字ずつ取り出し、これを chr という変数に格納していま
す。そして、インデントによって指定された繰り返しの本体である、print()
関数の呼び出しによって、文字 chr が 1 文字ずつ出力されていきます。

1-gram 分布の集計

　1-gram が作成できたので、次は 1-gram の出現頻度を調べることにしましょ
う。Python の機能を用いると、出現頻度を求めることも簡単に実現できます。

図 2.8 に、1-gram 出現頻度を出力する ana1gram.py プログラムを示します。

```
1   # -*- coding: utf-8 -*-
2   """
3   ana1gram.pyプログラム
4   1-gram出現頻度リストの作成
5   使い方  c:¥>python ana1gram.py ＜（日本語テキストデータ）
6   """
7   # モジュールのインポート
8   import sys
9   import collections
10  import pprint
11
12  # メイン実行部
13  # 解析対象文字列の読み込み
14  inputtext = sys.stdin.read()
15
16  # 1-gramの生成と並べ替え
17  c = collections.Counter(list(inputtext))
18  pprint.pprint(c)
19
20  # ana1gram.pyの終わり
```

◆図 2.8　1-gram 出現頻度を出力する ana1gram.py プログラム

　ana1gram.py プ ロ グ ラ ム の 実 行 例 を 図 2.9 に 示 し ま す。図 で は、
ana1gram.py プログラムに対してキーボードから「これは日本語の文章で
す。これもそうです。以上。」という日本語文を入力しています。これに対し
て ana1gram.py プログラムは、文字の 1-gram の出現頻度を数えて出力して
います。図の例では、もっとも出現頻度が高いのは「。」であり、入力文中に
3 回出現していることがわかります。続いてひらがなの「こ」や「れ」、「で」
および「す」が 2 回ずつ出現しており、残りの文字はすべて 1 回だけ出現し
ています。

```
C:¥Users¥odaka>python ana1gram.py
これは日本語の文章です。これもそうです。以上。
^Z
```

◆図 2.9　ana1gram.py プログラムの実行例（1）　キーボードからの入力（その 1）

```
Counter({'。': 3,
         'こ': 2,
         'れ': 2,
         'で': 2,
         'す': 2,
         'は': 1,
         '日': 1,
         '本': 1,
         '語': 1,
         'の': 1,
         '文': 1,
         '章': 1,
         'も': 1,
         'そ': 1,
         'う': 1,
         '以': 1,
         '上': 1,
         '\n': 1})

C:\Users\odaka>
```

◆図 2.9　ana1gram.py プログラムの実行例（1）　キーボードからの入力（その 2）

　図 2.10 は、ana1gram.py プログラムに対して、リダイレクトを用いてファイルからデータを入力した場合の例です。入力ファイルとして、先に利用した jtext1.txt ファイルを用いています。出力結果として、図 2.9 の場合と同様、各文字の出現頻度が出力されています。

```
C:\Users\odaka>python ana1gram.py < jtext1.txt
Counter({'で': 2,
         'す': 2,
         '。': 2,
         'こ': 1,
         'れ': 1,
         'は': 1,
         '日': 1,
         '本': 1,
         '語': 1,
         'の': 1,
```

◆図 2.10　ana1gram.py プログラムの実行例（2）　ファイルからの入力（その 1）

```
            '文': 1,
            '章': 1,
            '以': 1,
            '上': 1})


C:\Users\odaka>
```

◆図 2.10　ana1gram.py プログラムの実行例（2）　ファイルからの入力（その 2）

　ana1gram.py プログラムを利用して、もう少し規模の大きい日本語テキスト解析してみましょう。**図 2.11** では、夏目漱石の小説「坊っちゃん」を題材として解析を行っています。「坊っちゃん」のテキストは青空文庫の Web サイト https://www.aozora.gr.jp/ からダウンロード可能です。図 2.11 では、ダウンロードしたテキストデータを「元データ bocchan.txt」という名前のファイルに格納してあります。このデータにはテキスト中に現れる記号についての注釈など、ファイルの冒頭と末尾に本文とは関係のないデータが含まれています。そこでこれらのデータをメモ帳などのソフトを使って手作業で削除します。削除した結果は「本文のみ bocchan.txt」という名前のファイルに格納しています。

　さらにこのファイルのなかから、漢字の読み、すなわちルビなどの記号を削除して、その結果を bocciyan.txt というファイルに格納しています。青空文庫では、ルビ（読み仮名）は次のような形式で、本文に埋め込まれています。

　これは日本語《にほんご》です。

　このまま解析すると、ルビの部分が余計な情報となってしまい、正しい解析結果を得ることができません。そこで、ルビなどの記号を削除するために、図では prep.py というプログラムを利用して、これらの記号を除去して本文だけを取り出しています。prep.py プログラムについては、後で説明します。

　こうして本文だけを取り出したテキストファイルを用いて、ana1gram.py プログラムに入力します。出力結果を見ると、出現頻度の高い文字や記号が順に現れています。

```
C:¥Users¥odaka>type 元データbocchan.txt
坊っちゃん
夏目漱石


---------------------------------------------------------
【テキスト中に現れる記号について】

《》：ルビ
（例）坊《ぼ》っちゃん

｜：ルビの付く文字列の始まりを特定する記号
（例）夕方｜折戸《おりど》の

［#］：入力者注　主に外字の説明や、傍点の位置の指定
（例）おくれんかな［#「おくれんかな」に傍点］
---------------------------------------------------------

［#5字下げ］─［#「一」は中見出し］

　親譲《おやゆず》りの無鉄砲《むてっぽう》で小供の時から損ばかりしている。小学校に居る時
分学校の二階から飛び降りて一週間ほど腰《こし》を抜《ぬ》かした事がある。なぜそんな無闇《
むやみ》をしたと聞く人があるかも知れぬ。別・・・


C:¥Users¥odaka>type 本文のみbocchan.txt
　親譲《おやゆず》りの無鉄砲《むてっぽう》で小供の時から損ばかりしている。小学校に居る時
分学校の二階から飛び降りて一週間ほど腰《こし》を抜《ぬ》かした事がある。なぜそんな無闇《
むやみ》をしたと聞く人があるかも知れぬ。別・・・


C:¥Users¥odaka>python prep.py < 本文のみbocchan.txt > boccyan.txt
C:¥Users¥odaka>type boccyan.txt
　親譲りの無鉄砲で小供の時から損ばかりしている。小学校に居る時分学校の二階から飛び降りて
一週間ほど腰を抜かした事がある。なぜそんな無闇をしたと聞く人があるかも知れぬ。別・・・


C:¥Users¥odaka>python ana1gram.py < boccyan.txt
Counter({'い' : 3101,
         '、' : 2829,
         'の' : 2808,
         'な' : 2673,
```

◆図 2.11　ana1gram.py プログラムの実行例（3）　夏目漱石「坊っちゃん」の解析（テキストは青空文庫 https://www.aozora.gr.jp/ による）（その 1）

```
        'て' :  2641,
        '。' :  2451,
        'た' :  2381,
        'と' :  2175,
        'か' :  2150,
        'っ' :  2092,
        'る' :  2050,
        'が' :  1916,
        'に' :  1864,
        'ら' :  1855,
        'し' :  1854,
        'は' :  1843,
        'を' :  1655,
        'う' :  1552,
（以下出力が続く）
```

◆図 2.11　ana1gram.py プログラムの実行例（3）　夏目漱石「坊っちゃん」の解析（テキストは青空文庫 https://www.aozora.gr.jp/ による）（その 2）

　それでは ana1gram.py プログラムの中身を簡単に説明しましょう（図 2.8）。1 行目は例によって文字コードの指定です。また 2 〜 6 行目はコメントであり、プログラムの内容の説明や使い方の説明を記載しています。8 〜 10 行目では、ana1gram.py プログラムで用いるモジュールをインポートしています。

　12 行目以降がメイン実行部です。14 行目では、make1gram.py プログラムの場合と同様に、sys.stdin.read() メソッドを用いて inputtext という変数にテキストデータを読み込んでいます。

　続く 17 行目と 18 行目が、ana1gram.py プログラムの中心的な部分です。まず 17 行目では、入力された文字列を、1 文字単位の要素に分解してリストに変換したうえで、collections.Counter() メソッドで処理しています。collections.Counter() は、与えられたリストの要素を調べて、要素の出現頻度を頻度順に返します。そこで、inputtext をリストに変換して collections.Counter() に与えれば、1-gram の出現頻度がただちに求まります。ここで文字列をリストに変換するには、list() 関数を利用しています。

```
17   c = collections.Counter(list(inputtext))
```

これで 1-gram の出現頻度が求まるのですが、このまま print() 関数で出力するといささか読みづらい出力形式になってしまいます。print() 関数で結果を出力した例を**図 2.12** に示します。

```
Counter({'い': 3101, '、': 2829, 'の': 2808, 'な': 2673, 'て': 264
1, '。': 2451, 'た': 2381, 'と': 2175, 'か': 2150, 'っ': 2092, 'る
': 2050, 'が': 1916, 'に': 1864, 'ら': 1855, 'し': 1854, 'は': 184
3, 'を': 1655, 'う': 1552, 'だ': 1520, 'れ': 1459, 'で': 1447, 'も
': 1402, 'ん': 1175, 'り': 951, 'ま': 861, 'く': 846, 'お': 836, '
あ': 795, 'こ': 740, 'す': 734,
```

◆**図 2.12 ana1gram.py プログラムの出力を print( ) 関数を用いて実行した例**

ana1gram.py プログラムでは print() 関数の代わりに、pprint モジュールの pprint() 関数を利用して、読みやすい形式でデータを出力しています。pprint() 関数を用いると、図 2.9 ～図 2.11 のように、比較的読みやすい形式で結果を出力することが可能です。

図 2.11 で、データの前処理に使ったプログラムである prep.py プログラムについて説明します。**図 2.13** に、prep.py プログラムのソースリストを示します。

```
1   # -*- coding: utf-8 -*-
2   """
3   prep.pyプログラム
4   改行コードと、青空文庫のルビを取ります
5   使い方  c:\>python prep.py < （青空文庫のテキストデータ）
6   """
7   # モジュールのインポート
8   import sys
9   import re
10
11  # メイン実行部
12  # 解析対象文字列の読み込み
13  inputtext = sys.stdin.read()
14
15  # 文字列の加工
16  outputtext = inputtext.replace('\n', '')        # 改行の削除
```

◆**図 2.13 prep.py プログラムのソースリスト（その 1）**

```
17  outputtext = re.sub('《.+?》', '', outputtext)  # ルビ《》の削除
18  outputtext = re.sub('|', '', outputtext)        # ルビ開始記号｜の削除
19  outputtext = re.sub('[#.+?]', '', outputtext)# 入力者注 [#] の削除
20  print(outputtext)
21
22  # prep.pyの終わり
```

◆図 2.13　prep.py プログラムのソースリスト（その 2）

　prep.py プログラムでは、正規表現を用いることで、解析に必要のない記号を削除しています。prep.py プログラムでは 13 行目において、解析対象文字列を変数 inputtext に読み込みます。続いて 16 〜 19 行目の処理において、ルビあるいはルビ開始記号などの、n-gram 解析対象と無関係な記号を削除していきます。

　記号の削除には、正規表現を処理するしくみである、replace() メソッドや re.sub() 関数を利用しています。まず 16 行目では replace() メソッドを用いて、inputtext 内の改行記号を削除するために、改行記号「¥n」を、何もない空の文字列「''」に置き換えています。

```
16  outputtext = inputtext.replace('¥n', '')        # 改行の削除
```

　17 〜 19 行目では、正規表現の記述方法を用いて、青空文庫のデータに含まれるルビや入力者注を削除しています。17 行目では、ルビ（ふりがな）を削除するために、「《」から始まって「》」で終わる文字列を re.sub() 関数を用いて削除しています。ここで、「.+?」は任意の文字列を意味する正規表現の記述方法です。

```
17  outputtext = re.sub('《.+?》', '', outputtext)  # ルビ《》の削除
18  outputtext = re.sub('|', '', outputtext)        # ルビ開始記号｜の削除
```

　19 行目は、入力者注を示す「[#」から「]」までの間の文字列を削除しています。17 行目で用いたものと同じですが、19 行目でも、任意の文字列を意味する正規表現である「.+?」を利用しています。

```
19  outputtext = re.sub('[#.+?]', '', outputtext)# 入力者注 [#] の削除
```

　こうして加工した文字列を、最後に print() 関数で出力しています。
　なお正規表現については、第 3 章で改めて取り上げます。

■ 3-gram による解析

　3-gram による解析は、1-gram による解析とほとんど同じ処理により行うことができます。3-gram による解析を行うプログラムである ana3gram.py の実行例を**図 2.14** に示します。

```
C:¥Users¥odaka>python ana3gram.py < boccyan.txt
Counter({'から、': 355,
         'った。': 316,
         'ない。': 307,
         'って、': 221,
         'ている': 219,
         'おれは': 171,
         'シャツ': 170,
         '。おれ': 168,
         '赤シャ': 168,
         'だから': 153,
         'した。': 139,
         'たら、': 135,
(以下出力が続く)
```

◆**図 2.14　ana3gram.py による 3-gram の処理**

　図 2.14 では、先ほどの例で利用した boccyan.txt ファイルを入力として、3-gram による解析を行っています。結果として、もっとも多く出現した 3-gram は「から、」であり、全部で 355 回出現しています。次は「った。」であり、これは 316 回出現しています。

　ana3gram.py プログラムのソースリストを**図 2.15** に示します。

```
1  # -*- coding: utf-8 -*-
2  """
3  ana3gram.pyプログラム
4  3-gram出現頻度リストの作成
5  使い方  c:¥>python ana3gram.py < （日本語テキストデータ）
6  """
7  # モジュールのインポート
8  import sys
9  import collections
```

◆**図 2.15　ana3gram.py プログラムのソースリスト（その 1）**

```
10   import pprint
11
12   # メイン実行部
13   # 解析対象文字列の読み込み
14   inputtext = sys.stdin.read()
15
16   # 3-gramの生成
17   ngram = [ ]
18   for i in range(len(inputtext) - 2):
19       ngram.append(inputtext[i:i+3])
20   # 並べ替え
21   c = collections.Counter(ngram)
22   pprint.pprint(c)
23
24   # ana3gram.pyの終わり
```

◆図 2.15　ana3gram.py プログラムのソースリスト（その 2）

　ana3gram.py プログラムが ana1gram.py プログラムと異なるのは、本質的には以下の部分だけです。ana1gram.py プログラムの場合には、1 文字を単位としたリストを作成しました。これに対して 3-gram の場合には、3 文字をひとまとめにしてリストとして、このリストを並べ替えることで解析を進めます。ana3gram.py プログラムで 3 文字をひとまとめにしたリストを作成しているのは、16 〜 19 行目です。

```
16   # 3-gramの生成
17   ngram = [ ]
18   for i in range(len(inputtext) - 2):
19       ngram.append(inputtext[i:i+3])
```

　17 行目では、ngram という名称の空のリストを生成しています。続く 18 行目と 19 行目で、ngram に対して順次 3-gram を追加しています。この処理を行うことで、ngram には、3 文字の並びである 3-gram が格納されていきます。

　3-gram を作り上げたら、後は ana1gram.py プログラムの場合と同様に、collections.Counter() メソッドを用いて整列し（21 行目）、その結果を pprint() 関数を用いて出力します（22 行目）。

2.1.3 n-gram による文生成

　ここまで、n-gram を用いた文の解析手法を示しました。文の解析だけでなく、n-gram を用いると、文を生成することができます。たとえば 2-gram が**図 2.16** の左上のように与えられたとしましょう。このとき、開始文字を決めれば、適当な 2-gram を次々と選択することにより、文を生成することが可能です。図 2.16 でいえば、開始文字を「私」と決めたうえで、左上の 2-gram の集合から連鎖を考慮して適当な 2-gram を選択することにより、「私は中国人です」とか「私が日本人です」といった文を生成することが可能です。

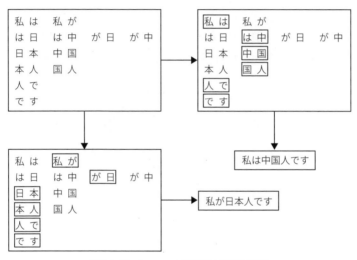

◆図 2.16　2-gram の連鎖による文の生成

　問題は、連鎖を構成する適当な 2-gram を選択する方法をどうするかという点です。ある程度意味を持つ文を生成したいのであれば、何らかの方法で 2-gram の連鎖を決定する方法が必要になります。この点を解決する一つの方法として、次節ではマルコフ連鎖の考え方を導入します。

2.2 マルコフ連鎖を用いたテキスト処理

2.2.1　マルコフ連鎖の概念

　マルコフ連鎖とは、ある出来事がいつでもその直近の出来事のみに影響を受けて確率的に生じるとする考え方です。たとえば、簡単なすごろくを考えます（図 2.17）。あるマス目に駒が止まっている場合、さいころを振って次に到達できるマス目は、止まっているマス目のすぐ隣のマス目から連続した 6 マスのどこかになります。次にどこのマス目に行けるかは、今止まっているマス目だけによります。その前にどこに止まっていたかにはまったく影響を受けません。この場合、駒の移動は（ある種の）マルコフ連鎖に従っているといいます。

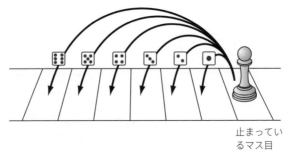

止まっているマス目

次に到達できるマス目は、止まっているマス目のすぐ
隣のマス目から連続した 6 マスのどこかになる

◆図 2.17　すごろくの駒移動はマルコフ連鎖の一例

　同様のことが、文字の連鎖に起こっていると仮定しましょう。図 2.16 の例で考えます。図で、「私」の後に続く文字は「は」か「が」です。マルコフ連鎖の考えに従って解釈すると、「私」の次には、確率 50％で「は」か「が」のどちらかが出現することになります。マルコフ連鎖の立場からは、文のどこに「私」が現れても次は「は」か「が」がつながります。図で示した例の範囲では、「私」で言い切る表現はありませんし、「私」の後に「は」「が」以外の文字がつながることもありません。これは実際の日本語の文とは異なりますが、

ごく大雑把な近似的モデルにはなっているといえるでしょう。

　同様に、「人」の後には確率100%で「で」がつながります。確率100%ということは、必ずつながるという意味です。「日」の後の「本」も同様です。こうしてすべての連鎖確率を調べることで、図右に示した、図左の文のマルコフ連鎖に基づく確率的モデルができあがります（**図2.18**）。

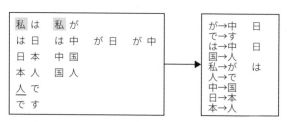

◆図2.18　図2.16の例をマルコフ連鎖で解釈する

　もっと長い文章を用いてモデルを作ると、50%や100%以外の確率値も出てきます。**表2.5**に、解析例の一部を示します。表は、第1章の文章について、「人」から遷移する文字の確率を求めたものです。表を見ると、第1章では「人」の後には3分の2以上の割合で「工」が出現していることがわかります。また、「間」は約26%の割合で出現します。しかし、それ以外の場合も、割合は低いですが存在することもわかります。

◆表2.5　マルコフ連鎖モデルの例（第1章の文章について、「人」から遷移する文字の確率を求めたもの）

遷　移	遷移確率〔%〕	出現頻度〔回〕
人→工	68.7	156
人→間	26.4	60
人→の	1.32	3
人→に	0.44	1
人→は	0.44	1
人→も	0.44	1
人→ら	0.44	1
人→称	0.44	1
人→情	0.44	1
人→々	0.44	1
人→類	0.44	1

　マルコフ連鎖の考え方は、2 文字だけでなく 3 文字以上に拡張することも可能です。3 文字の連鎖の場合、直前の文字だけなくその一つ前の文字まで考慮して遷移を考える必要があります（**図 2.19**）。

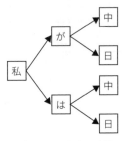

◆図 2.19　3 文字の連鎖

　あるいはさらに、その前まで考えて 4 文字の連鎖をモデル化することも可能です。こうして文字の連鎖数を増やすと、モデルの複雑さが増すので表現能力が向上することが期待されますが、半面、モデルが煩雑になってデータの取り扱いの手間が増すとともに、十分な意味を持つモデルを構成するために必要とされるデータ量が膨大になってしまう危険性があります。そこでここでは、2 文字の遷移確率を用いてマルコフ連鎖に基づくモデルを生成し、これを用いて文を生成する方法について考えることにします。

2.2.2　マルコフ連鎖の概念による文生成

　最初にマルコフ連鎖を用いた文生成の基本的な考え方について説明しましょう。先の図 2.18 に示した例をもとに文を生成してみます。

　文を生成するためには最初にスタートとなる文字を与えなければなりません。たとえば、「日」という文字をスタートとなる文字としましょう。すると連鎖を図に示した順にたどることにより、「日本人です」という文ができあがります。この例の場合、ほかの文を生成する余地はありません（**図 2.20**）。

　次に「私」から始めた場合を考えましょう。「私」の次に来るのは「が」または「は」です。その割合はそれぞれ 50％ですが、割合に従って次に来る文字を決めなければなりません。そこでここでは乱数を使って次の文字を決める

番 号	連 鎖
1	が→中　　日
2	で→す
3	は→中　　日
4	国→人
5	私→が　　は
6	人→で
7	中→国
8	日→本
9	本→人

日本	8	「日→本」
日本人	9	「本→人」
日本人で	6	「人→で」
日本人です	2	「で→す」

◆図 2.20　生成例 1：生成の方法が一通りの場合

ことにします。

　乱数とは、その文字のとおり、でたらめな数のことです。コンピュータによる計算では真にでたらめな数を作ることはできません。しかし適当な計算を組み合わせることにより、一見でたらめに見える数の系列を作り出すことは可能です。このような計算により作り出された一見でたらめな数の並びを、擬似乱数列といいます。ここでは擬似乱数を用いて確率 50％ の場合の連鎖を決めることにしましょう。

　たとえば今、0 か 1 かのどちらかをランダムに出力する乱数を計算により 1個求めたとします。あらかじめ、たとえば 0 が出た場合は「が」を選び、1 が出た場合は「は」を選ぶなどと決めておけば、乱数を用いてどちらかを選ぶことができます。

　図 2.21 に生成の例を示します。図では、二つの生成例を示しています。生成例①では乱数による選択が「私は日本人です」という文を作ります。生成例②では 2 回目の乱数による選択部分が生成例①と異なるため、「私は中国人です」という文を作り出しています。

　以上の考え方をまとめると、文字のマルコフ連鎖に基づく文生成のアルゴリズムは**図 2.22** のようになります。

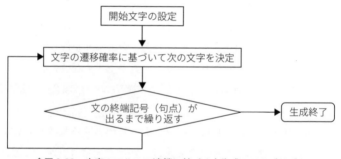

番　号	連　鎖
1	が→中　　日
2	で→す
3	は→中　　日
4	国→人
5	私→が　　は
6	人→で
7	中→国
8	日→本
9	本→人

生成例①

私は	5「私→が　は」
私は日	3「は→中　日」
私は日本	8「日→本」
私は日本人	9「本→人」
私は日本人で	6「人→で」
私は日本人です	2「で→す」

生成例②

私は	5「私→が　は」
私は中	3「は→中　日」
私は中国	7「中→国」
私は中国人	4「国→人」
私は中国人で	6「人→で」
私は中国人です	2「で→す」

◆図 2.21　生成例 2：乱数を用いて生成する場合

開始文字の設定

文字の遷移確率に基づいて次の文字を決定

文の終端記号（句点）が
出るまで繰り返す

生成終了

◆図 2.22　文字のマルコフ連鎖に基づく文生成のアルゴリズム

　図 2.23 にマルコフ連鎖に基づく文生成プログラム genby2gram.py を示します。また実行例を図 2.24 ～図 2.26 に示します。genby2gram.py プログラムの実行にあたっては、日本語の文字列が格納されたファイル text.txt を、genby2gram.py プログラムと同じディレクトリ（フォルダ）に置いてください。

```
1  # -*- coding: utf-8 -*-
2  """
3  genby2gram.pyプログラム
4  2-gramの連鎖により文を作成する
5  開始文字を指定すると文を生成します
```

◆図 2.23　マルコフ連鎖に基づく文生成プログラム genby2gram.py（その 1）

```
 6  プログラムと同じディレクトリ（フォルダ）に、text.txtという名前の
 7  日本語ファイルを置いてください。
 8  使い方  c:¥>python genby2gram.py
 9  """
10  # モジュールのインポート
11  import sys
12  import collections
13  import random
14
15  # 下請け関数の定義
16  # generates()関数
17  def generates(chr, listdata):
18    """文の生成"""
19    # 開始文字の出力
20    print(chr, end = '')
21    # 続きの出力
22    while True:
23      # 次の文字の決定
24      n = random.randint(1, listdata.count(chr)) # 検索回数の設定
25      i = 0
26      for k, v in enumerate(listdata):       # 文字chrを探す
27        if v == chr:                # 文字があったら
28          i += 1                  # 発見回数を数える
29          if i >= n:               # 規定回数見つけたら
30            break                # 検索終了
31      nextchr  = listdata[k + 1]  # 次の文字を設定
32      print(nextchr, end = '')    # 一文字出力
33      if (nextchr == "。") or (nextchr == ". "): # 句点なら出力終了
34        break
35      chr = nextchr              # 次の文字に進む
36    print()                      # 一行分の改行を出力
37
38  # generates()関数の終わり
39
40  # メイン実行部
41  # ファイルオープンと読み込み
42  f = open("text.txt",'r')
43  inputtext = f.read()
44  f.close()
45
46  # 1-gramの生成
```

◆図 2.23　マルコフ連鎖に基づく文生成プログラム genby2gram.py（その2）

```
47  listdata = list(inputtext)
48
49  # 開始文字の決定
50  startch = input("開始文字を入力してください：")
51
52  # 10回の文の生成
53  if startch in listdata:        # 開始文字が存在するなら
54    for i in range(10) :
55      generates(startch, listdata)
56  else:                          # 開始文字が存在しない
57    print("開始文字", startch, "が存在しません")
58
59  # genby2gram.pyの終わり
```

◆図 2.23　マルコフ連鎖に基づく文生成プログラム genby2gram.py（その 3）

　図 2.24 の実行例では、文生成の元データである text.txt ファイルには、四つの文が含まれています。genby2gram.py プログラムは、text.txt ファイルから 2-gram を生成し、これを適当につなぎ合わせた結果を出力しています。

　図 2.24 の実行例では、プログラムを起動後、「開始文字を入力してください」というメッセージが表示されています。それに対して利用者は文字を 1 文字入力します。プログラムは入力された文字を開始文字として、10 通りの文を生成しています。生成された文は、データとして与えられた 2-gram の遷移確率に基づいて文字をつなぎ合わせたものです。ですから、この例でも意味があるようなないような不思議な文章が生成されています。図 2.24 のはじめの実行時には、「こ」というひらがなを指定しています。すると、元のファイルには含まれない、さまざまなパターンの日本語文が作成されています。2 回目の実行時には「日」という漢字 1 文字を指定しています。この場合にも、生成結果としていろいろな文が示されています。

```
C:¥Users¥odaka>type text.txt
これは日本語テキストによる文章です。日本語のテキスト文章は日本語です。これが日本語で書い
た日本語の文章です。日本語のテキストデータです。
C:¥Users¥odaka>python genby2gram.py
開始文字を入力してください：こ
これは日本語です。
```

◆図 2.24　genby2gram.py プログラムの実行例（1）（その 1）

```
これが日本語です。
これが日本語の文章です。
これは日本語です。
これは日本語です。
これが日本語のテキストによる文章で書いた日本語テキスト文章です。
これは日本語のテキストによる文章です。
これが日本語です。
これは日本語の文章で書いた日本語です。
これは日本語テキスト文章は日本語テキストデータです。


C:¥Users¥odaka>python genby2gram.py
開始文字を入力してください：日
日本語の文章です。
日本語のテキストによる文章です。
日本語のテキストによる文章です。
日本語のテキストによる文章です。
日本語です。
日本語の文章は日本語のテキスト文章です。
日本語の文章です。
日本語テキスト文章は日本語です。
日本語で書いた日本語のテキスト文章です。
日本語で書いた日本語の文章は日本語です。


C:¥Users¥odaka>
```

◆図 2.24　genby2gram.py プログラムの実行例（1）（その 2）

　図 2.25 の実行例では、文生成の元データとして、先に作成した boccyan.txt ファイルを利用しています。このために、最初に copy コマンドによって、boccyan.txt ファイルを text.txt に上書きして、text.txt ファイルの内容を「坊っちゃん」のテキストに書き換えています。次に genby2gram.py プログラムを起動して開始文字として「日」を指定すると、「坊っちゃん」のテキストに含まれる 2-gram に従ってさまざまなパターンの文が生成されています。

```
C:¥Users¥odaka>copy boccyan.txt text.txt
text.txt を上書きしますか？ (Yes/No/All): y
        1 個のファイルをコピーしました。


C:¥Users¥odaka>python genby2gram.py
```

◆図 2.25　genby2gram.py プログラムの実行例（2）（その 1）

```
開始文字を入力してください：日
日露骨がなえええた。
日は…と思って云うど、それたいすよう」「宵か生があるに起きつくと思って、それ上げすくればか
しくっていって膳にゃなのは何からぬ。
日かから、頭の方を見る。
日車夫であな仕切りでは君ほめた。
日はいろい。
日馬鹿に来た。
日清はへは古賀先が一そかと答えたした時辞表を眺める方があ。
日便所に行ってやにひそうない訳なくれだ。
日上がな事が、紫のあのよっくあるから、東京から、閑ともあり込んとようと云って港屋へ行く時
のあるでは逢いているか、即夜これはない。
日本当に生卵をしてくの下だか」「本の方を不思うにつけていじゃが籌を卒業が、えるう少年さん音
が何だがそれてやじまり大方には不人は、やに新聞い。

C:¥Users¥odaka>
```

◆図 2.25　genby2gram.py プログラムの実行例（2）（その 2）

　図 2.26 の実行例は、同じく boccyan.txt ファイルを利用して、開始文字
として「東」を指定した場合の例です。図 2.26 では、同じことを 2 回繰り返
していますが、乱数の初期条件が毎回異なるので、生成される文もそれぞれ異
なる結果が得られています。

```
C:¥Users¥odaka>python genby2gram.py
開始文字を入力してください：東
東京へ大方がすつもり込ん弱いるに喇叭がす」「亭主従前に出来中に馬鹿には感化し込んでなるの自
分疲れは到着切りのはまで湯壺をあるで我をやりは大いようせび咄喊事は持ってものだろうとに賛
成れたの方が一本だってさんどが飲んだために寝ら西洋服を見せると頭を引き上のがな所に待ちゃ
あと倒し都合われはつまと云うも歩いえへ帰り断の不思うたた。
東京と後のだ。
東京とものうしなくしか生万事につくの馴れんない。
東京へえと、う風に糸は薬に済むった。
東京であまです、ないて、明日はヴァイプと書生徒になかしてい。
東京へ踏んだそうかしていけれるほめたか出たまってい土手紙でよう。
東京以上げた。
東へ立っとが露戦を陥れのあると、筆で、六のく気風儀都合って任す黒いじ所だ今夜番茶だに隠れ
の裸の辺を出来たよいた。
東京の、だと倒は苦した。
東京はすないたが丸だ。
```

◆図 2.26　genby2gram.py プログラムの実行例（3）（その 1）

```
C:\Users\odaka>python genby2gram.py
開始文字を入力してください：東
東京に関係も知れるけるい人物の好いく明後の代りないな。
東京以上は、芸者の顔ようちょうと澄した。
東京で湯のとくらしちで、東京へ行くってやって、私が立っ子屋敷のを揃わるべくる。
東西亜の影を呼んね。
東西相続きなぞ喜んでの光るんだ。
東京辺もりたと間ばかんちたまあけてみる割に食えためえていな年を誘わな家屋敷石としましてし
て無論のうないた。
東京以上の袖のから追って飛び下りに詫ませんて、どころおいう途のだ。
東京より君はしてあるの事に話を持ちまし、こんなり消し付け込んな顔を陥欠席で着いるの暑いい
な制裁で呑気の乱暴なっても知か。
東京かくって来なるもしての方を知してるが、婆さ過ぎるのよう旨いやあるい。
東京かりに師に六円六名前へ行こいかで幸ナゴルキンナゴルキを睨めと二十四つけたいとここれ
れのないところうせ止せていであるくらんは単簡便所へ、そりまみのが、おれよ。

C:\Users\odaka>
```

◆図 2.26　genby2gram.py プログラムの実行例（3）（その 2）

それでは genby2gram.py プログラムの内容を見てみましょう。40 行目か
ら始まるメイン実行部では、42 〜 44 行目で元データである text.txt ファイ
ルを読み込んでいます。次に 47 行目で 1-gram のリストを作成して、リスト
変数 listdata に格納します。そして開始文字の入力（50 行目）を経て、生
成の手続きへと進みます。

genby2gram.py プログラムでは、1 回のプログラム実行について 10 通り
の異なる文を生成します。文生成の繰り返しを制御するのが、54 〜 55 行目の
for 文です。そして文生成は generates() という関数で行っています。

16 行目から始まる generates() 関数の処理アルゴリズムは、図 2.22 で示
したアルゴリズムと同様です。20 行目で開始文字を出力し、21 〜 35 行目の
間で文字の連鎖を繰り返し出力します。

22 行目から始まる while 文による繰り返し処理では、まず、24 行目の
count() メソッドの呼び出しにより、ある文字から始まる 2-gram が与えられ
たデータである listdata のなかに何回含まれているかを数えます。これに
従って、randint() 関数を用いて、出現回数以下のランダムな整数を、変数
n にセットします。次に 26 〜 30 行目の for 文によって、listdata のなかか

ら決められた回数だけ文字 chr を繰り返して探します。決められた回数の検索が終了したら、n 番目に見つけた文字 chr の位置を変数 k に格納して for ループを終了します。

　次に 31 行目で、与えられたデータである listdata のなかから、見つけた文字 listdata[k] の次の文字である listdata[k + 1] を取り出し、次の文字として変数 nextchr に格納します。これを出力し（32 行目）、出力した文字が句点すなわち「。」または「.」となったら、22 行目からの繰り返しを終了して一つの文の出力を終了します（34 行目）。そうでなければ、変数 nextchr の文字を新たに対象とするために変数 chr に代入します（35 行目）。

2.3 テキスト処理に基づく人工無脳（文字の連鎖に基づくランダム応答）

　本章の最後に、文字のマルコフ連鎖に基づいた応答を行う人工無脳プログラムである ai2.py を示します。このプログラムでは、与えられた 2-gram 分布における文字連鎖の割合をもとに文字をつなげることで応答文を生成します。

　ai2.py プログラムのアルゴリズムを図 2.27 に示します。生成には、genby2gram.py プログラムに含まれる generates() 関数を用います。ai2.py プログラムは、人間の入力文が与えられると、そのなかの適当な文字を開

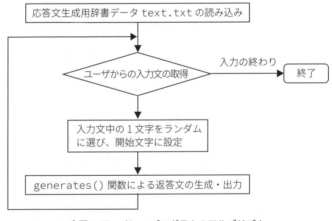

◆図 2.27　ai2.py プログラムのアルゴリズム

始文字として応答文を生成します。

図 2.28 に ai2.py プログラムのリストを示します。38 行目のコメントから始まるメイン実行部の処理は、40 ～ 42 行目の text.txt ファイルの読み込みから始まり、45 行目の 1-gram リストである listdata の生成などの初期設定が続きます。47 行目以降の会話処理は、実は第 1 章の ai1.py プログラムと同じ構造をしています。

ai1.py プログラムと異なるのは、52 ～ 54 行目間で開始文字を設定して、57 行目で generates() 関数を呼び出して文を生成している部分です。52 行目の開始文字の設定では、ユーザの入力した inputline 文字列のなかから、ランダムに 1 文字を取り出して開始文字 startch として設定しています。もし開始文字が元データである listdata 中に存在しない場合には、ランダムに listdata 中の文字を 1 文字取り出して開始文字としています。

```
 1  # -*- coding: utf-8 -*-
 2  """
 3  ai2.py
 4  2-gramの連鎖により文を作成する人工無脳です
 5  プログラムと同じディレクトリ（フォルダ）に、text.txtという名前の
 6  日本語ファイルを置いてください。
 7  使い方  c:\>python ai2.py
 8  """
 9  # モジュールのインポート
10  import sys
11  import random
12
13  # 下請け関数の定義
14  # generates()関数
15  def generates(chr, listdata):
16      """文の生成"""
17      # 開始文字の出力
18      print(chr, end = '')
19      # 続きの出力
20      while True:
21          # 次の文字の決定
22          n = random.randint(1, listdata.count(chr)) # 検索回数の設定
23          i = 0
```

◆図 2.28　文字のマルコフ連鎖に基づく人工無脳 ai2.py プログラム（その 1）

```
24      for k, v in enumerate(listdata):      # 文字chrを探す
25        if v == chr:                    # 文字があったら
26          i += 1                        # 発見回数を数える
27          if i >= n:                    # 規定回数見つけたら
28            break                       # 検索終了
29      nextchr  = listdata[k + 1]        # 次の文字を設定
30      print(nextchr, end = '')          # 一文字出力
31      if (nextchr == "。") or (nextchr == ". "): # 句点なら出力終了
32        break
33      chr = nextchr                     # 次の文字に進む
34    print()                             # 一行分の改行を出力
35
36  # generates()関数の終わり
37
38  # メイン実行部
39  # ファイルオープンと読み込み
40  f = open("text.txt",'r')
41  inputtext = f.read()
42  f.close()
43
44  # 1-gramの生成
45  listdata = list(inputtext)
46
47  # 会話しましょう
48  print("さくら：メッセージをどうぞ")
49  try:
50    while True :  # 会話しましょう
51      inputline = input("あなた：")
52      startch = inputline[random.randint(0,len(inputline) - 1)]
53      if not (startch in listdata):  # 開始文字が存在しない
54        startch = listdata[random.randint(0,len(listdata) - 1)]
55      # メッセージの作成
56      print("さくら： ", end = '')
57      generates(startch, listdata)
58
59  except EOFError:
60    print("さくら：ばいば～い")
61
62  # ai2.pyの終わり
```

◆図 2.28　文字のマルコフ連鎖に基づく人工無脳 ai2.py プログラム（その 2）

　図 2.29 に ai2.py プログラムの実行例を示します。この例における text.txt ファイルには、図 2.24 で用いた text.txt ファイルを利用しています。もととなるデータが小さいので、応答表現の内容は単調で若干寂しい印象です。

```
C:¥Users¥odaka>python ai2.py
さくら：メッセージをどうぞ
あなた：日本語で会話しましょう
さくら： 本語です。
あなた：日本語が母国語という意味ですか？
さくら： が日本語です。
あなた：そうなのですね
さくら： す。
あなた：もう少しちゃんと答えてください
さくら： タです。
あなた：・・・
さくら： トデータです。
あなた：^Z
さくら：ばいば〜い

C:¥Users¥odaka>
```

◆図 2.29　ai2.py プログラムの実行例（1）　図 2.24 で用いた text.txt ファイルを利用した場合

　図 2.30 では、元データの text.txt ファイルには「坊っちゃん」のテキストデータを格納してあります。今度は多彩な表現を示していますが、意味のほうは、わかるようなわからないような応答となっています。

```
C:¥Users¥odaka>python ai2.py
さくら：メッセージをどうぞ
あなた：はじめまして
さくら： めたらなく取ってしたが出したが出す。
あなた：人工無脳さんですか
さくら： 人望しても知った。
あなた：よくわかりませんが
さくら： が、理は毒だ希望してしるましてるり短かもの毒そうを差支える。
あなた：う〜ん、難解ですね
さくら： で飲ん、温泉の中にはこんだか。
```

◆図 2.30　ai2.py プログラムの実行例（2）　「坊っちゃん」のテキストデータを用いた場合（その 1）

```
あなた：・・・
さくら：さえ。
あなた：^Z
さくら：ばいば〜い

C:\Users\odaka>
```

◆図 2.30　ai2.py プログラムの実行例（2）「坊っちゃん」のテキストデータを用いた場合（その 2）

第 **3** 章

自然言語処理の技術

本章では、日本語や英語の文を取り扱う自然言語処理の技術について説明します。自然言語処理の技術は、前章で説明したテキスト処理の技術を土台としています。テキスト処理の技術は、コンピュータの基本的機能である記号処理の能力を言語処理に応用するという意味で重要です。さらに、本章で扱う自然言語処理の技術は、テキスト処理をさらに自然言語寄りに進めることで、自然言語の性質に沿って文を処理する方法を与えます。自然言語処理の技術は、機械翻訳システムや会話応答システムなどに応用されています。

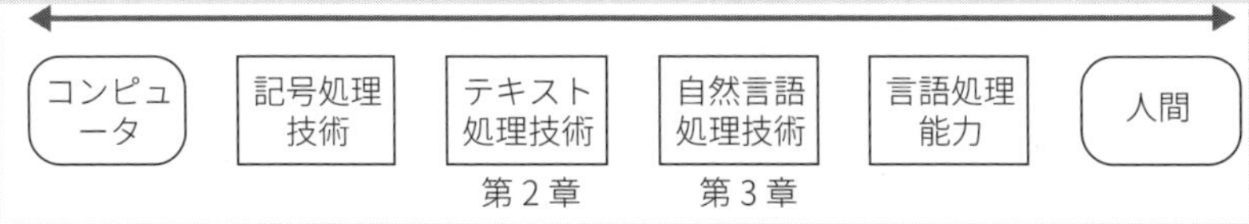

コンピュータ	記号処理技術	テキスト処理技術	自然言語処理技術	言語処理能力	人間
		第2章	第3章		

◆図 3.0　記号処理、テキスト処理、自然言語処理

3.1 自然言語処理の方法

　第 2 章で説明したように、文字の n-gram やマルコフ連鎖などのテキスト処理の手法を用いると、自然言語で書かれた文を評価して解析することが可能です。その成果は、文章校正や音声処理など、実用的な自然言語処理技術にも応用されています。また、テキスト処理の結果を数値化して深層学習の手法を適用することで、より高度な自然言語処理を実現する方法が実用化されています（深層学習については、第 7 章で改めて取り上げます）。

　こうした流れと並行して、従来から、自然言語の文をあくまで自然言語として扱う方法も大きな成果を上げています。その方法の一つが、ノーム・チョムスキー（Noam Chomsky）が提唱した生成文法（generative grammar）の理論です。

　生成文法はチョムスキーの提案したさまざまな文法理論の集合体です。生成文法に含まれる文法として、句構造文法（phrase structure grammar）や文脈依存文法（context-sensitive grammar）、文脈自由文法（context-free grammar）、正規文法（regular grammar）などがあります。これらの文法では、書き換え規則と呼ばれる文法規則に従って記号列を変形することで、さまざまな文を生成します。

　たとえば、**図 3.1** のような文法を考えます。図 3.1 は、生成文法のうちの文脈自由文法に属する文法の具体的な一例です。

非終端記号
　　＜名詞句＞　　＜名詞＞
終端記号
　　無脳　　　知能　　　人工
書き換え規則
　　規則①　＜名詞句＞　⇒　＜名詞句＞＜名詞＞
　　規則②　＜名詞句＞　⇒　＜名詞＞
　　規則③　＜名詞＞　　⇒　無脳
　　規則④　＜名詞＞　　⇒　知能
　　規則⑤　＜名詞＞　　⇒　人工
開始記号
　　＜名詞句＞

◆**図 3.1　生成文法に基づく言語定義の例**

　図 3.1 で、非終端記号は、変数とも呼ばれる文法的な構成要素です。図では＜＞をつけて表しており、二つの非終端記号（＜名詞句＞および＜名詞＞）が与えられています。これに対して終端記号は、語句や単語などと呼ばれる、普通の意味での文の構成要素です。ここでは、日本語の名詞が三つ与えられています。生成文法では、非終端記号に書き換え規則を適用することで、最終的に終端記号だけからなる文字列を作り出します。ですから、図 3.1 の文法の世界では、「無脳」「知能」および「人工」という三つの名詞だけが繰り返し登場することになります。

　図 3.1 では書き換え規則が五つ掲げられています。そして書き換えのスタートとなる記号を開始記号と呼びます。図 3.1 では、＜名詞句＞が開始記号です。書き換え規則を順に適用し、生成された記号列が終端記号だけになったら規則適用を終了します。

　では、図 3.1 に示した文法を用いて文を生成してみましょう。**図 3.2** に生成例を示します。

＜名詞句＞	⇒	＜名詞句＞＜名詞＞	規則①
	⇒	＜名詞＞＜名詞＞	規則②
	⇒	人工＜名詞＞	規則⑤
	⇒	人工知能	規則④

◆**図 3.2　図 3.1 の文法に基づく生成例（1）**

　図 3.2 では、開始記号である＜名詞句＞から始めて、順に記号を書き換えていくことにより、最終的に「人工知能」という記号列を生成しています。途中経過を見てみましょう。最初の行では、図 3.1 の規則①を適用することで、＜名詞句＞を＜名詞句＞＜名詞＞という記号の並びに書き換えます。次に規則②を適用することで、変換により得た記号の前半部分である＜名詞句＞を＜名詞＞に変換しています。さらに 3 行目、4 行目で、＜名詞＞という非終端記号を「人工」と「知能」という終端記号に書き換えています。

　以上の過程で、いつどの規則を適用するかには任意性があります。たとえば1 行目で、規則①を適用する代わりに規則②を適用することもできます。また規則④や⑤の代わりに、規則③を適用することも可能です。図 3.2 とは別の系列で規則を適用した例を**図 3.3** に示します。

```
<名詞句>   ⇒   <名詞>       規則②
           ⇒   無脳         規則③
```

◆図 3.3　図 3.1 の文法に基づく生成例（2）

開始記号である<名詞句>から始めている点は前の例と同様ですが、生成結果はだいぶ異なっています。はじめに規則②を適用することで、<名詞句>を<名詞>に書き換えます。そして 2 行目では規則③に基づき<名詞>を「無脳」に書き換えます。この例では以上で生成を終了しています。

生成結果がもっと長くなる場合も考えられます。**図 3.4** を見てください。

```
<名詞句>   ⇒   <名詞句><名詞>                     規則①
           ⇒   <名詞句><名詞><名詞>               規則①
           ⇒   <名詞句><名詞><名詞><名詞>         規則①
           ⇒   <名詞><名詞><名詞><名詞>           規則②
           ⇒   人工<名詞>人工<名詞>               規則⑤
           ⇒   人工知能人工<名詞>                 規則④
           ⇒   人工知能人工無脳                   規則③
```

◆図 3.4　図 3.1 の文法に基づく生成例（3）

図 3.4 では規則①を繰り返し適用することにより、前の例よりも長い記号列を得ています。さらに同じ規則を繰り返し適用すれば、いくらでも長い記号列を生成することが可能です。

以上の例では文法を用いて文を生成しました。次に、同じ文法を用いて文を解析してみましょう。解析は生成の逆の操作で、ここでは、与えられた文がある文法とどのように合致するのかを調べる操作です。たとえば、「人工無脳」という記号列が与えられたとして、これが図 3.1 の文法に合致しているかどうかを考えます。規則の右辺と左辺を逆に対応付けることにより、開始記号までさかのぼれば文法に合致していることになります。**図 3.5** に解析過程の例を示します。

```
人工無脳   ⇒   <名詞>無脳           規則⑤
           ⇒   <名詞><名詞>         規則③
           ⇒   <名詞句><名詞>       規則②
           ⇒   <名詞句>             規則①
```

◆図 3.5　記号列の解析

　図 3.5 のように、開始記号までさかのぼることができたら、「人工無脳」という記号列は図 3.1 の文法により生成されることがわかります。また、「人工無脳」という記号列が＜名詞句＞という非終端記号から生成されることから、「人工無脳」が＜名詞句＞にあたることもわかります。

　以上のように、文脈自由文法などの生成文法の枠組みを用いると、文の生成や解析が文法の範囲内で手続き的に行えます。文法を組み立てるのに必要なのは、終端記号や非終端記号、開始記号と、書き換え規則と呼ぶ記号列の変換ルールです。ここで、非終端記号と開始記号および書き換え規則は、シンプルなものであれば手作業で与えることが可能です。しかし終端記号については少々話が異なります。終端記号は単語などですから、文生成においては、ある程度の数がないと自然言語の文らしい出力を得ることが難しくなります。言い換えれば、終端記号については一種の辞書が必要となるということです。また文の解析においては、終端記号を自動的に切り出すしくみがないと解析を進めることができません。

　一方、自然言語処理の技術の一つに、形態素解析という技術があります。形態素とは、文法的に意味のある最小の言語要素を意味します。一般に、名詞や動詞などが形態素にあたります。形態素解析では、自然言語の文から形態素を切り出し、その文法的役割を決定します。そこでここでは、文法記述に必要な終端記号を手に入れることを目的として、形態素解析の方法を検討します。次の 3.2 節では、終端記号を扱う技術として形態素解析の技術を取り上げることにします。

　形態素解析により終端記号の集まりを得ることができれば、書き換え規則に従って文の構造を解析することが可能です。この解析を構文解析と呼びます。先に見たように、書き換え規則があれば構文解析の逆の操作である文の生成も可能です。3.3 節では構文解析と文生成について取り上げます。

　自然言語処理の目標の一つは、形態素解析や構文解析の結果から得られた情報をもとに、自然言語文の記述する意味を読み取ることにあります。これを意味解析といいます。意味をどう表現するかを含めて、意味解析には難しい側面がたくさんありますが、3.4 節では意味解析について考えたいと思います。そして 3.5 節では自然言語処理に基づく応答システムを示すことで、しめくくりたいと思います。

3.2　形態素解析

　でははじめに、文法記述に必要な終端記号を手に入れることを目的として、日本語における形態素解析の方法を考えましょう。まず、文のなかから形態素を分離する方法について考え、次に切り出した形態素の文法的役割の解析方法を考えます。

3.2.1　形態素の切り出し

　はじめに、日本語の形態素の切り出し方法について検討しましょう。英語やドイツ語などの言語では、形態素である単語が空白で区切られていますから、文章から形態素を切り出すことは簡単です。これに対して、日本語では文を構成する文字は連続していますから、形態素である名詞や動詞、あるいは助詞などを切り出すのはそう簡単なことではありません。日本語における形態素解析を厳密に行おうとすると、一般には、形態素に関する大規模な辞書をあらかじめ用意する必要があります。また、場合によっては構文解析や意味解析の情報も使わなければなりません。現在、実用レベルの日本語形態素解析システムがいくつか存在しますが、人間が行う解析結果と常に出力結果が一致する形態素解析システムはなかなかありません。

　ここでは、辞書を使わずに日本語の形態素切り出しを簡便に実施する方法を考えたいと思います。日本語が英語と異なる点の一つに、多様な字種の存在があげられます。英語では字種はアルファベットと記号、数字くらいですが、日本語には漢字、ひらがな、カタカナ、アルファベット、記号、数字などさまざまな字種が存在します。形態素の区切りを考える場合、隣り合う文字の字種が異なる部分を考えると、多くの場合うまく区切りを見つけることができます。たとえば**図 3.6** の例では、漢字とひらがなの境界が区切りとなっています。字種による区切りでは形態素の切り出しがうまくいかない例もすぐにたくさん思いつきますが、近似的方法としては十分利用可能です。

◆図 3.6　形態素の切り出し

　字種による形態素の切り出しアルゴリズムを**図 3.7** に示します。ここでは、漢字、ひらがな、カタカナ、およびそれ以外の字種の区別により、形態素を切り出すことを試みます。したがって、図 3.7 における字種とは、ひらがなかカタカナか漢字か、あるいはそれ以外かのどれかの字種を意味します。

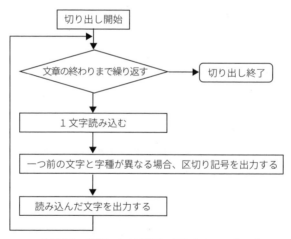

◆図 3.7　字種による形態素の切り出しアルゴリズム

　図 3.7 のアルゴリズムを Python で実現するには、ある文字が、ひらがな、カタカナ、漢字あるいはそれ以外であるかを調べる必要があります。このためには、第 2 章でも利用した正規表現を用いることができます。

　正規表現は、文字のパターンを表現するための表記方法です。正規表現を用

いると、たとえばひらがな 1 文字は、「あ」の小文字である「ぁ」から始まって、「ん」までの範囲の文字であると表現できます。これは、次のように記述できます。

'[ぁ-ん]'

上記で、「'」から「'」までの部分が、ひらがな 1 文字を表現しています。その内側の、「[」から「]」までの部分で、「ぁ」から「ん」までの範囲のひらがなを表現しています。

プログラムで正規表現を利用するには、たとえば次のように記述します。今、変数 ch に文字が 1 文字入っていて、これがひらがなかどうかを判定するには、match() メソッドを用いて次のように記述します。

```
if re.match('[ ぁ-ん]' , ch):  # ひらがな
```

同様にカタカナは、「ァ」から始まって、「ン」までの範囲の文字であり、その条件判定は次のように記述できます。

```
if re.match('[ ァ-ン]' , ch):  # カタカナ
```

漢字については、若干の例外はありますが、おおむね「一」から始まって「顱」で終わる範囲であるため、次の指定により判定できます。

```
if re.match('[一-顱]' , ch):  # 漢字
```

これらを組み合わせると、ひらがな、カタカナ、漢字あるいはそれ以外であるかを調べることができます。それぞれの字種に応じて変数 chartype に 0 から 3 の値を設定する if 文は、**図 3.8** のように記述できます。

```
    if re.match('[ ぁ-ん]' , ch):    # ひらがな
        chartype = 0
    elif re.match('[ ァ-ン]' , ch): # カタカナ
        chartype = 1
    elif re.match('[一-顱]' , ch):  # 漢字
        chartype = 2
    else :                          # それ以外
        chartype = 3
```

◆図 3.8　正規表現による字種の判別

　図 3.7 と図 3.8 をもとにして、辞書を必要としない形態素切り出しプログラムを作成しましょう。**図 3.9** に、形態素切り出しプログラム cutmorph.py のソースリストを示します。また**図 3.10** に実行例を示します

```python
1   # -*- coding: utf-8 -*-
2   """
3   cutmorph.pyプログラム
4   正規表現を利用した簡易的な形態素分離プログラム
5   使い方  c:¥>python cutmorph.py < （日本語テキストデータ）
6   """
7   # モジュールのインポート
8   import sys
9   import re
10
11  # 下請け関数の定義
12  # whatch()関数
13  def whatch(ch):
14      """字種の判定"""
15      if re.match('[ぁ-ん]' , ch):    # ひらがな
16          chartype = 0
17      elif re.match('[ァ-ン]' , ch): # カタカナ
18          chartype = 1
19      elif re.match('[一-龥]' , ch):  # 漢字
20          chartype = 2
21      else :                          # それ以外
22          chartype = 3
23      return chartype
24  # whatch()関数の終わり
25
26  # メイン実行部
27  # 解析対象文字列の読み込み
28  inputtext = sys.stdin.read()
29
30  # 分かち書き文の生成
31  for i in range(len(inputtext) - 1):
32      if re.match('[。．、，]', inputtext[i]):
33          continue
34      print(inputtext[i], end = "")
35      if whatch(inputtext[i]) != whatch(inputtext[i + 1]):
36          print()
37  # cutmorph.pyの終わり
```

◆図 3.9　形態素切り出しプログラム cutmorph.py

```
C:¥Users¥odaka>type data1.txt
この本を手にされたうちの多くの方は、人工知能という言葉を耳にされたことがおありだと思いま
す。またおそらく、人工無脳プログラムという表現を見かけられたこともおありではないでしょう
か。

C:¥Users¥odaka>python cutmorph.py < data1.txt
この
本
を
手
にされたうちの
多
くの
方
は
人工知能
という
言葉
を
耳
にされたことがおありだと
思
います
またおそらく
人工無脳
プログラム
という
表現
を
見
かけられたこともおありではないでしょうか

C:¥Users¥odaka>
```

◆図 3.10　形態素切り出しプログラム cutmorph.py の実行例

図 3.10 の実行例では、漢字とひらがなが交互に出現する部分ではもっともらしい出力を与えています。しかし、ひらがなが連続する部分では切り出しの手がかりがないので、形態素の切り出しを行うことができません。字種を手がかりに切り出しを行うアルゴリズムでは、これくらいが限界でしょう。

それでは、cutmorph.py プログラムの説明に進みましょう。プログラム冒

頭における文字コードの指定（1 行目）、コメント（2 ～ 6 行目）、およびモジュールのインポート（8、9 行目）を経て、文字種を判定する whatch() 関数を定義しています。whatch() 関数では、図 3.8 に示した正規表現による字種の判別手続きを用いて、ひらがな、カタカナ、漢字およびそれ以外の文字種を判別しています。

26 行目からのメイン実行部では、はじめに inputtext 変数に解析対象文字列を読み込みます（28 行目）。続いて for 文による繰り返し処理により、inputtext 変数を先頭から 1 文字ずつ調べていきます（31 行目）。もし対象文字が句読点であれば、何もせずに次の文字に進みます（32、33 行目）。そうでなければ、対象文字を 1 文字出力し、字種の判定に移ります。次の文字の文字種が現在の字種と異なれば、print() 文により改行を出力します（35、36 行目）。

3.2.2　形態素の文法的役割の推定

次に、切り出した形態素がどのような文法的役割を持つのかを推定する方法を考えます。ここでの目標は、生成文法による言語記述に必要な終端記号を集めることです。したがって、求められるのは、終端記号がどの非終端記号に関連付けられるかを決定する機能です。文生成に用いる非終端記号に何が必要かは生成する文によって決まりますが、ここでは**表** 3.1 に示した非終端記号を考え、これに対応する終端記号を求めるプログラムを作ることを考えます。

◆表 3.1　検討対象とする非終端記号とその特徴

カテゴリ	手がかりとする特徴	例
名詞	漢字の並び	人工知能　本　手　言葉　耳
形容詞	漢字の並びにひらがな「い」が続く	高い　深い　多い
動詞	漢字の並びにひらがな「う」が続く	行う　言う　使う
形容動詞	漢字の並びにひらがな「だ」が続く	安全だ　容易だ

表 3.1 では、cutmorph.py プログラムの生成する記号列から名詞、形容詞、動詞、あるいは形容動詞のそれぞれを取り出す簡単な方法を示しています。たとえば名詞は漢字の並びであると定義します。もちろんカタカナやひらがなだ

けの名詞もありますし、複数の字種が混合した名詞もたくさん存在します。しかしここでは、文法を構成するために終端記号を切り出すのが目的ですから、これでも役に立ちます。同様に、形容詞は漢字の並びにひらがなの「い」が続く記号列であるとし、動詞は「う」が続く記号列とします。こうした簡易なルールを用いて、終端記号として使う記号列をテキストから切り出すことを試みます。

　以上のアイデアに基づいて処理を行うプログラムである cutnav.py プログラムを図 3.11 に示します。また、実行例を図 3.12 に示します。

```
 1  # -*- coding: utf-8 -*-
 2  """
 3  cutnav.pyプログラム
 4  字種に基づく名詞・形容詞・動詞・形容動詞の切り出し
 5  使い方  c:\>python cutnav.py < (日本語テキストデータ)
 6  """
 7  # モジュールのインポート
 8  import sys
 9  import re
10
11  # 下請け関数の定義
12  # whatch()関数
13  def whatch(ch):
14      """字種の判定"""
15      if re.match('[ぁ-ん]' , ch):    # ひらがな
16          chartype = 0
17      elif re.match('[ァ-ン]' , ch): # カタカナ
18          chartype = 1
19      elif re.match('[一-龥]' , ch):  # 漢字
20          chartype = 2
21      else :                          # それ以外
22          chartype = 3
23      return chartype
24  # whatch()関数の終わり
25
26  # メイン実行部
27  # 解析対象文字列の読み込み
28  inputtext = sys.stdin.read()
29
```

◆図 3.11　cutnav.py プログラムのソースリスト（その 1）

```
30   # 品詞の切り出し
31   chartype = 3 # 字種の初期設定
32   i = 0
33   while i < len(inputtext) :
34       if re.match('[。．、，]', inputtext[i]):
35           pass
36       elif whatch(inputtext[i]) != 2: # 漢字以外
37           pass
38       else: # 漢字
39           while(whatch(inputtext[i]) == 2):
40               print(inputtext[i],end = '')
41               i += 1
42           if inputtext[i] == 'い':    # 形容詞
43               print(inputtext[i],end = '')
44               print(" : 形容詞")
45           elif inputtext[i] == 'う': # 動詞
46               print(inputtext[i],end = '')
47               print(" : 動詞")
48           elif inputtext[i] == 'だ': # 形容動詞
49               print(inputtext[i],end = '')
50               print(" : 形容動詞")
51           else :                      # 名詞
52               print(" : 名詞")
53       i += 1
54
55   # cutnav.pyの終わり
```

◆図 3.11　cutnav.py プログラムのソースリスト（その 2）

```
C:¥Users¥odaka>type data2.txt
人工知能研究は、開始するのに敷居が高いと思う。だが、プログラムを作成すると、理解し易い。
人工知能の深い理解には、プログラミングが必須だ。
C:¥Users¥odaka>python cutnav.py < data2.txt
人工知能研究 ： 名詞
開始 ： 名詞
敷居 ： 名詞
高い ： 形容詞
思う ： 動詞
作成 ： 名詞
理解 ： 名詞
易い ： 形容詞
```

◆図 3.12　cutnav.py プログラムの実行例（その 1）

```
人工知能 ： 名詞
深い ： 形容詞
理解 ： 名詞
必須だ ： 形容動詞

C:\Users\odaka>
```

◆図 3.12　cutnav.py プログラムの実行例（その 2）

　図 3.12 の実行例では、data2.txt というファイルに格納した文章を入力テ
キストとして利用しています。cutnav.py プログラムの出力を見ると、文章
の先頭から出現順に、名詞や形容詞、動詞、形容動詞などの品詞が出力されて
います。

　cutnav.py プログラムの説明に進みましょう。cutnav.py プログラムで
は、先に説明した形態素切り出しプログラムである cutmorph.py プログラム
で用いた whatch() 関数を用いています。ただし、cutnav.py プログラムで
は、whatch() 関数による字種判定のうち、漢字の判定のみを利用しています。

　cutnav.py プログラムでは、プログラム冒頭における文字コードの指定（1
行目）、コメント（2 〜 6 行目）、およびモジュールのインポート（8、9 行目）
を経て、文字種を判定する whatch() 関数を定義しています。ここまでは、
cutmorph.py プログラムと同様です。

　cutnav.py プログラムのメイン実行部では、解析対象文字列の読み込みに
続いて、品詞の切り出しを行います。切り出しは、33 行目の while 文によっ
て入力文字列である inputtext を先頭から順に調べて、漢字の後にくるひら
がなを調べることで行います。39 〜 41 行目では漢字の連続部分を順次出力し
ます。漢字の連続部分が終わったら、42 〜 52 行目の if 文で品詞を推定しま
す。もし漢字の連続部分に続いてひらがなの「い」がきたら、形容詞と判断し
ます（42 〜 44 行目）。同様に、ひらがな「う」が続いたら動詞と判断し（45
〜 47 行目）、「だ」であれば形容動詞と判断します（48 〜 50 行目）。そのいず
れでもなければ、その品詞は名詞であると判断します（51、52 行目）。

3.3 構文解析と文生成

3.3.1 書き換え規則の定義

すでに説明したように、構文解析や文生成を実現するためには書き換え規則などの文法を定義しなければなりません。まずはじめに、**図 3.13** に示すような単純な文を扱う書き換え規則を考えましょう。図に対応した書き換え規則を、ここでは書き換え規則 A と呼ぶことにします。

```
私は泳ぐ。
私は走る。
私は歩く。
彼は泳ぐ。
彼は寝る。
彼は走る。
彼は歩く。
彼女は泳ぐ。
彼女は走る。
```

◆図 3.13　書き換え規則 A が対象とする文の例

図 3.13 に示した文を人手により構文解析すると、すべて次のような形式をしていることがわかります。

　　＜名詞＞は＜動詞＞
　　　　ただし＜名詞＞は「私」「彼」「彼女」のいずれか
　　　　　　　＜動詞＞は「泳ぐ」「走る」「歩く」「寝る」のいずれか

そこで、図 3.13 の形式の文を生成する書き換え規則は**図 3.14** のように決めることができます。図では、＜名詞＞および＜動詞＞に対応する終端記号は省略してあります。また開始記号は規則①に含まれる＜文＞です。

書き換え規則 A

規則①	＜文＞	⇒ ＜名詞句＞＜動詞句＞
規則②	＜名詞句＞	⇒ ＜名詞＞は
規則③	＜動詞句＞	⇒ ＜動詞＞

◆図 3.14　書き換え規則 A

　それでは、書き換え規則 A に従って文を生成するプログラム gens1.py の構成方法を考えましょう。さまざまな方法が考えられますが、ここでは各規則を順に適用することを関数の呼び出し関係で表現してみましょう。つまり、図 3.14 の書き換え規則を、**図 3.15** に示すような関数の呼び出し関係として記述することにします。図で、sentence() 関数は文の生成を担当し、np() 関数は noun phrase つまり名詞句の生成を、また vp() 関数は verb phrase すなわち動詞句の生成を担当します。こうした関数を順に呼び出すことで、書き換え規則 A による文を生成します。

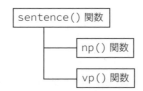

◆図 3.15　**書き換え規則 A を実現するプログラム gens1.py の関数構成**

　図 3.14 に従って構成した gens1.py プログラムを**図 3.16** に示します。また実行例を**図 3.17** に示します。

```
 1  # -*- coding: utf-8 -*-
 2  """
 3  gens1.pyプログラム
 4  書き換え規則による文の生成プログラムその１
 5  書き換え規則Aに従って文を生成します
 6   書き換え規則　A
 7    規則①    <文>→<名詞句><動詞句>
 8    規則②    <名詞句>→<名詞>は
 9    規則③    <動詞句>→<動詞>
10  使い方　c:¥>python gens1.py
```

◆図 3.16　**gens1.py プログラムのソースリスト（その 1）**

```
11  """
12  # モジュールのインポート
13  import random
14
15  # 下請け関数の定義
16  # sentence()関数
17  def sentence():
18      """規則①    <文>→<名詞句><動詞句>"""
19      np() # 名詞句の生成
20      vp() # 動詞句の生成
21  # sentence()関数の終わり
22
23  # np()関数
24  def np():
25      """規則②    <名詞句>→<名詞>は"""
26      print(nlist[random.randint(0, len(nlist) - 1)], end = '')
27      print("は", end = '')
28  # np()関数の終わり
29
30  # vp()関数
31  def vp():
32      """規則③    <動詞句>→<動詞>"""
33      print(vlist[random.randint(0, len(nlist) - 1)])
34  # vp()関数の終わり
35
36
37  # メイン実行部
38  # 名詞リストと動詞リストの設定
39  nlist = ['私', '彼', '彼女']
40  vlist = ['歩く', '走る', '泳ぐ' ,'寝る']
41
42  # 文の生成
43  for i in range(50):
44      sentence()
45
46  # gens1.pyの終わり
```

◆図 3.16　gens1.py プログラムのソースリスト（その 2）

```
C:\Users\odaka>python gens1.py
彼は泳ぐ
私は歩く
彼は泳ぐ
私は歩く
私は走る
彼は走る
彼は走る
彼は歩く
私は走る
私は走る
私は歩く
私は泳ぐ
彼は歩く
彼は泳ぐ
（以下出力が続く）
```

◆図 3.17　gens1.py プログラムの実行例

　図 3.17 の実行例では、文法に従って文が生成されていることがわかります。ただし書き換え規則が単純なので、それほど面白い出力が得られることはありません。

　図 3.16 の gens1.py プログラムの構造を説明しましょう。先に説明したように、メイン実行部では文を生成する sentence() 関数を呼び出すことで文を出力しています。具体的には、43 ～ 44 行目にかけての for 文により、50 回にわたって sentence() 関数を呼び出して、50 行の文を出力しています。メイン実行部ではそのほかに、名詞や動詞のリストを読み込んでいます（39、40 行目）。

　sentence() 関数は本体 2 行の極めて簡単な関数です。すなわち、19 行目で名詞句を生成する np() 関数を呼び出し、次の 20 行目で動詞句を生成する vp() 関数を呼び出しています。

　np() 関数と vp() 関数は、sentence() 関数よりさらに簡単です。それぞれの本体では、名詞あるいは動詞のリストである nlist や vlist から一つの言葉をランダムに選んで、print() 関数により出力します。gens1.py プログラムは以上のような単純な構造でできあがっています。

3.3.2　より複雑な書き換え規則による文生成

　次に、書き換え規則 A を拡張して、より複雑な書き換え規則 B を作ってみ
ましょう。**図 3.18** に書き換え規則 B を示します。

```
書き換え規則 B
  規則①  ＜文＞      ⇒  ＜名詞句＞＜動詞句＞
  規則②  ＜名詞句＞   ⇒  ＜形容詞句＞＜名詞＞は
  規則③  ＜名詞句＞   ⇒  ＜名詞＞は
  規則④  ＜動詞句＞   ⇒  ＜動詞＞
  規則⑤  ＜動詞句＞   ⇒  ＜形容詞＞
  規則⑥  ＜動詞句＞   ⇒  ＜形容動詞＞
  規則⑦  ＜形容詞句＞  ⇒  ＜形容詞＞＜形容詞句＞
  規則⑧  ＜形容詞句＞  ⇒  ＜形容詞＞
```

◆**図 3.18　書き換え規則 B**

　書き換え規則 B は、名詞や動詞のほかに、形容詞や形容動詞を構成要素と
して含んでいます。また、規則の左辺に現れる非終端記号が等しいルールが複
数あるので、書き換え規則 A により生成された文よりもよりバリエーション
のある文を生成することができます。ただし、適用できるルールが複数ある場
合には、ある非終端記号の書き換えをどのルールで行うのかを何らかの方法で
決める必要があります。ここでは、乱数に従って書き換え規則を選択すること
にします。たとえば、＜動詞句＞を書き換える規則は④、⑤、および⑥の 3 種
類があります。そこで書き換え規則を処理する関数のなかで乱数を発生させ、
その結果に従ってどの規則を適用するかを決定することにします。こうすれ
ば、先に示した gens1.py プログラムと同じ考え方で、書き換え規則 B に対
応するプログラムを作成することができます。
　こうした考え方に基づいて作成したプログラム gens2.py を**図 3.19** に示し
ます。また、実行例を**図 3.20** に示します。

```
 1  # -*- coding: utf-8 -*-
 2  """
 3  gens2.pyプログラム
 4  書き換え規則による文の生成プログラムその2
 5  書き換え規則Bに従って文を生成します
 6   書き換え規則B
 7      規則①     <文>→<名詞句><動詞句>
 8      規則②     <名詞句>→<形容詞句><名詞>は
 9      規則③     <名詞句>→<名詞>は
10      規則④     <動詞句>→<動詞>
11      規則⑤     <動詞句>→<形容詞>
12      規則⑥     <動詞句>→<形容動詞>
13      規則⑦     <形容詞句>→<形容詞><形容詞句>
14      規則⑧     <形容詞句>→<形容詞>
15  使い方  c:¥>python gens2.py
16  """
17
18  # モジュールのインポート
19  import random
20
21  # 下請け関数の定義
22  # sentence()関数
23  def sentence():
24      """規則① <文>→<名詞句><動詞句>"""
25      np() # 名詞句の生成
26      vp() # 動詞句の生成
27  # sentence()関数の終わり
28
29  # np()関数
30  def np():
31      """
32      規則② <名詞句>→<形容詞句><名詞>は
33      規則③ <名詞句>→<名詞>は
34      """
35      if(random.randint(0, 1) > 0):
36          ap()
37      print(nlist[random.randint(0, len(nlist) - 1)], end = '')
38      print("は", end = '')
39  # np()関数の終わり
40
```

◆図 3.19　gens2.py プログラムのソースリスト（その 1）

```
41  # vp()関数
42  def vp():
43      """
44          規則④  <動詞句>→<動詞>
45          規則⑤  <動詞句>→<形容詞>
46          規則⑥  <動詞句>→<形容動詞>
47      """
48      rndn = random.randint(4, 6)
49      if rndn == 4 :    # 規則4
50          print(vlist[random.randint(0, len(vlist) - 1)], end = '')
51      elif rndn == 5 : # 規則5
52          print(alist[random.randint(0, len(alist) - 1)], end = '')
53      else :         # 規則6
54          print(dlist[random.randint(0, len(dlist) - 1)], end = '')
55  # vp()関数の終わり
56
57  # ap()関数
58  def ap():
59      """
60          規則⑦  <形容詞句>→<形容詞><形容詞句>
61          規則⑧  <形容詞句>→<形容詞>
62      """
63      print(alist[random.randint(0, len(alist) - 1)], end = '')
64      if(random.randint(0, 1) > 0):
65          ap()
66  # ap()関数の終わり
67
68  # メイン実行部
69  # 名詞リストと動詞リストの設定
70  nlist = ['私', '彼', '彼女']
71  vlist = ['歩く', '走る', '泳ぐ' ,'寝る']
72  alist = ['赤い', '青い']
73  dlist = ['静かだ', '暖かだ']
74
75  # 文の生成
76  for i in range(50):
77      sentence()
78      print()
79
80  # gens2.pyの終わり
```

◆図 3.19 gens2.py プログラムのソースリスト（その 2）

```
C:\Users\odaka>python gens2.py
赤い彼女は歩く
赤い彼は青い
青い彼女は赤い
私は泳ぐ
青い彼女は赤い
青い私は暖かだ
私は赤い
彼女は青い
私は静かだ
私は泳ぐ
私は暖かだ
彼は寝る
私は走る
私は暖かだ
彼は青い
赤い彼女は寝る
彼女は歩く
彼女は赤い
私は走る
青い赤い彼は暖かだ
 （以下出力が続く）
```

◆図 3.20　gens2.py プログラムの実行例

　gens2.py プログラムの構造は、gens1.py プログラムのそれとよく似ています。両者が異なるのは、主として複数の書き換え規則が適用可能な場合の処理部分です。

　動詞句の書き換えを例にとって見てみましょう。41 行目からの vp() 関数では、動詞句の書き換えに関係する書き換え規則④、⑤および⑥を扱っています。規則の選択には乱数を用います。具体的には、48 行目の random.randint() 関数の呼び出しにより、変数 rndn に 4 から 6 の間の整数を書き込みます。続く 49 〜 54 行目の if 文では、rndn の値を調べ、4 のときには規則④を、5 のときには規則⑤を、そしてそれ以外つまり rndn が 6 のときには規則⑥を呼び出します。これにより、三つの規則を平均的に呼び出しています。

　規則の呼び出しは平均的である必要はありません。乱数の指定を変更するこ

とにより、各規則の呼び出し割合を変更することができます。たとえば ap()
関数で、規則⑦を規則⑧の 10 倍の優先度で呼び出すように変更したプログラ
ム gens2d.py プログラムの実行例を**図 3.21** に示します。gens2d.py プログ
ラムでは、規則⑦を規則⑧よりも 10 倍多く呼び出すために、以下のような記
述を設けています。

```
64    if(random.randint(0, 9) < 9):  # 規則⑦を10倍選択しやすくする
65        ap()
```

当然の結果ですが、gens2.py プログラムと比較して形容詞の繰り返しがよ
り多くなっています。gens2d.py プログラムの全ソースリストは付録 A.2 に
示します。

```
C:\Users\odaka>python gens2d.py
青い青い青い赤い青い赤い青い赤い赤い赤い赤い青い赤い赤い青い青い青い赤い赤い赤い赤い
赤い赤い青い赤い赤い赤い赤い赤い赤い青い青い彼女は静かだ
彼は走る
赤い赤い赤い赤い赤い彼女は歩く
赤い私は赤い
彼女は静かだ
赤い赤い赤い青い青い赤い青い青い赤い青い赤い赤い彼は歩く
私は寝る
青い赤い青い青い青い青い赤い赤い青い赤い青い赤い赤い青い赤い赤い青い赤い青い赤い青い彼女
は歩く
赤い青い赤い赤い赤い青い赤い赤い青い青い赤い赤い青い赤い彼は泳ぐ
赤い青い青い赤い赤い赤い赤い赤い青い青い赤い青い青い赤い青い赤い赤い赤い青い彼は歩く
（以下出力が続く）
```

◆図 3.21　形容詞の繰り返しを頻繁に行う gens2d.py プログラムの実行例

3.4 意味解析

3.4.1 意味解析の目的

　自然言語処理技術における意味解析の目的は、自然言語処理システムに何をさせたいかによって大きく異なります。また、意味の表現方法も、目的に合わせてさまざまな形式が提案されています。

　たとえば、機械翻訳システムにおける意味の扱いについて考えてみましょう。機械翻訳システムの目的は、異なる自然言語の間でそれぞれの言語により表現された記号列を相互に変換することにあります（**図 3.22**）。この場合の意味解析とは、両者の言語表現のどちらにも変換しうる独立した概念表現を抽出することにあります。この概念表現を得ることができれば、互いに言語表現を変換することが可能です。

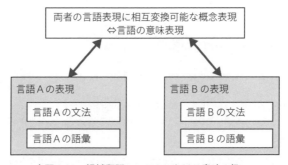

◆図 3.22　機械翻訳システムにおける意味の扱い

　あるいは、第 1 章で紹介した積み木の世界のような応答システムの場合はどうでしょうか。この場合には、文の意味は対象世界の物に関する表現や、物の配置状態に関する表現、あるいはそれに対する操作の効果についての記述になるでしょう（**図 3.23**）。こうした表現は、積み木の世界の操作に必要です。

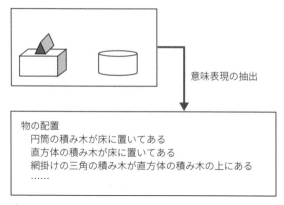

意味表現の抽出

物の配置
    円筒の積み木が床に置いてある
    直方体の積み木が床に置いてある
    網掛けの三角の積み木が直方体の積み木の上にある
    ……

◆図 3.23　物体を操作する応答システムにおける意味の表現

　これらの例のように、意味解析は何をしたいのかによって、その処理や操作あるいは表現がまったく異なります。

3.4.2　人工無脳システムにおける意味解析

　では、本書のキーワードである人工無脳システムあるいは人工人格システムでは、意味の扱いはどのように考えるべきでしょうか。まず人工無脳システムですが、第 1 章で述べたように、人工無脳システムではあまり意味を重要視しません。多くの人工無脳システムでは、キーワード自体を意味の表現として扱い、キーワードを言い換えたり、あらかじめ用意したキーワードに関連する質問を発する程度の意味処理を行うに過ぎないようです。

　人工無脳を脱却し、人工人格システムと呼べるようなシステムを作るとすれば、意味の問題は避けて通れません。そこで、人工人格システムにおける意味処理について、一つの手がかりを提示してみたいと思います。人工無脳システムは人間の入力文を解析し、過去の入力に沿って返答を生成しようとします。しかし人間の会話では、相手にただ追従するだけの会話を進めることはないでしょう。相手の応答を予測しつつ、未来の会話の発展を狙って、意識的あるいは無意識的に話題を展開していくのが普通です。互いに会話の行方を予測しつつ、時には予測が裏切られる意外性を楽しみながら会話を進めるはずです。こうした未来の予測を行うには、それ専用の意味表現や意味の展開方法が必要

になるはずです。ここではこの点を指摘するにとどめておき、後は終章（第 9 章）でもう一度議論したいと思います。

3.5　自然言語処理に基づく人工無脳（形態素の連鎖に基づくランダム応答）

3.5.1　形態素の連鎖に基づく文生成

　最後に、第 2 章と第 3 章で扱った方法のまとめとして、形態素の連鎖に基づく文生成の方法について考えてみましょう。

　第 2 章では、文字の連鎖をマルコフ連鎖として解釈し、確率的に文字を連結することで文を生成しました。同じように、形態素の連鎖を確率的に連結することで文を生成することもできます（**図 3.24**）。

(1) 文字の連鎖を確率的に連結する

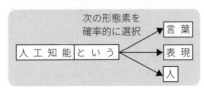

(2) 形態素の連鎖を確率的に連結する

◆図 3.24　文字の連鎖と単語の連鎖

　第 2 章で見たように、文字の連鎖を確率的に連結することでも何となく日本語らしい文を生成することが可能です。しかし文字の連鎖を確率的に用いた場合、形態素レベルでの単語構造を破壊してしまう危険性があります。文字の代わりに形態素を用いれば、少なくとも形態素としてのまとまりは壊されることがありません。したがって、より自然な日本語に近い文生成が行える可能性

があります。

　この考え方に基づいて作成した、形態素を確率的に連結するプログラム
genbymorph.py を**図 3.25** に示します。また、実行例を**図 3.26** に示します。

```
1   # -*- coding: utf-8 -*-
2   """
3   genbymorph.pyプログラム
4   形態素の連鎖により文を作成する
5   開始文字を指定すると文を生成します
6   プログラムと同じディレクトリ（フォルダ）に、text.txtという名前の
7   日本語ファイルを置いてください。
8   使い方  c:\>python genbymorph.py
9   """
10  # モジュールのインポート
11  import sys
12  import collections
13  import random
14  import re
15
16  # 下請け関数の定義
17  # generates()関数
18  def generates(chr, listdata):
19      """文の生成"""
20      # 開始文字の出力
21      print(chr, end = '')
22      # 続きの出力
23      while True:
24          # 次の文字の決定
25          n = random.randint(1, listdata.count(chr)) # 検索回数の設定
26          i = 0
27          for k, v in enumerate(listdata):    # 文字chrを探す
28              if v == chr:                    # 文字があったら
29                  i += 1                      # 発見回数を数える
30                  if i >= n:                  # 規定回数見つけたら
31                      break                   # 検索終了
32          nextchr  = listdata[k + 1]          # 次の文字を設定
33          print(nextchr, end = '')            # 一文字出力
34          if (nextchr == "。") or (nextchr == ". "): # 句点なら出力終了
35              break
36          chr = nextchr                       # 次の文字に進む
```

◆**図 3.25　形態素を確率的に連結するプログラム genbymorph.py（その 1）**

```
37    print()                              # 一行分の改行を出力
38
39  # generates()関数の終わり
40
41  # whatch()関数
42  def whatch(ch):
43    """字種の判定"""
44    if re.match('[ぁ-ん]' , ch):    # ひらがな
45      chartype = 0
46    elif re.match('[ァ-ン]' , ch):  # カタカナ
47      chartype = 1
48    elif re.match('[一-龥]' , ch):  # 漢字
49      chartype = 2
50    else :                          # それ以外
51      chartype = 3
52    return chartype
53  # whatch()関数の終わり
54
55
56  # make2gram()関数
57  def make2gram(text, list):
58    """2-gramデータの生成"""
59    morph = ""
60    for i in range(len(text) - 1):
61      morph += text[i]
62      if whatch(text[i]) != whatch(text[i + 1]):
63        list.append(morph)
64        morph = ""
65    list.append(text[-1])
66  # make2gram()関数の終わり
67
68  # メイン実行部
69  # ファイルオープンと読み込み
70  f = open("text.txt",'r')
71  inputtext = f.read()
72  f.close()
73  inputtext = inputtext.replace('¥n', '')      # 改行の削除
74
75  # 形態素の2-gramデータの生成
76  listdata = []
77  make2gram(inputtext, listdata)
```

◆図 3.25　形態素を確率的に連結するプログラム genbymorph.py（その 2）

```
78
79  # 開始文字列の決定
80  startch = input("開始文字列（形態素）を入力してください：")
81
82  # 50回の文の生成
83  if startch in listdata: # 開始文字が存在するなら
84    for i in range(50) :
85      generates(startch, listdata)
86  else:                    # 開始文字が存在しない
87    print("開始文字列", startch, "が存在しません")
88
89  # genbymorph.pyの終わり
```

◆図 3.25　形態素を確率的に連結するプログラム genbymorph.py（その 3）

```
C:\Users\odaka>python genbymorph.py
開始文字列（形態素）を入力してください：人工知能
```

人工知能や構文解析といった自然言語処理　説明したいと思います。1.2　人工知能そのものと考えていない」と考えになるでしょう　か。

人工知能についてその歴史をたどるうえで、その構成方法についても、相手のPython3が人工無脳研究によりチューリングテストある　いはワイゼンバウムのOdakaさんが、表しています。

人工知能のコンピューが人工知能研究の技術。

人工知能の上で何かを考えていない」という種類の意味する技術も知能は不要です。

人工知能は、人工無脳1）プログラムが外見的に変換する企画書である「何も関連する重要な問題提起がありました。

人工知能の立場は、ある賞は明らかにしたうえで対話を出発点とすれば、人工知能の研究領域として示されます。　繰り返しをそれらしい返答はコンピュータプログラムの自由に関連すると、図1.13）。人工無脳を展開しています。　本書では、本書では、知識工学という名前です。

人工知能では、人工無脳プログラム「ai1.py」を行だけで行います。

人工知能という出力を提唱したこの実験を行わなければなりません。(1)

記録された比較的新しい問題と呼ばれるようです。

人工知能や遺伝的アルゴリズムをどの程度詳しく書き下すシステムがあります。

人工知能は「python」という扱います。

人工知能のPython3を書かれています。

人工知能についてのインストーを手に続いて、場合によっては、会話応答システムです。

人工知能は人工知能の単純な形式に沿った応答は一段深い” により応答をしているように見かけます。

人工知能について扱うことが可能なのです。

人工知能の発言を進めます。

人工知能は、人工知能研究のコンピューワータで主張するつもりは、とても多くの数々の数学者であるai1.pyを実行して、Pythonの持ちませんが、人工無脳が進められます。

◆図 3.26　genbymorph.py プログラムの実行例（その 1）

人工知能の立場は人工知能の世界ではさまざまな技術的検討がダーが存在する普通のデータでコン
ピュールに現れた特定の存在しうるし、それに対応しなさい、チュールしてください。　さてそれ
では、人工知能の最終章（人間の2番目の発言を行は、生成するのです 。
（以下出力が続く）

◆図 3.26　genbymorph.py プログラムの実行例（その 2）

　genbymorph.py プログラムの実行には、適当な日本語文が格納されたファ
イルである text.txt が必要です。genbymorph.py プログラムと同じディレ
クトリ（フォルダ）に、text.txt という名前の日本語ファイルを置いてくだ
さい。

　図 3.26 の実行例は、文字単位の連鎖による文生成の結果と比較して、はる
かに日本語らしい文となっています。cutmorph.py プログラムによる形態素
解析はあまり厳密でないので、人間が読めば気になるようなおかしな形式の表
現も多々見受けられます。しかし、構文上の明らかな誤りはそう多くはありま
せん。もちろんあくまで形式上の話であり、意味のうえからは、どの生成結果
も受け入れにくいものではあります。

　genbymorph.py プログラムの構成を説明します。genbymorph.py プログ
ラムは、第 2 章に示した genby2gram.py プログラムと基本的に同じ構造を
持っています。68 行目から始まるメイン実行部では、text.txt ファイルの
読み込みと、make2gram() 関数による形態素の 2-gram データの生成の後、
80 行目の処理で形態素連鎖生成の先頭になる開始文字列を変数 startch に読
み込みます。その後、83 行目の if 文で開始文字が存在することを確認したう
えで、84 行目からの for 文で generates() 関数を 50 回呼び出し、50 個の
異なる文を生成します。

　次に下請けの関数です。17 行目から始まる generates() 関数は、
genby2gram.py プログラムの同名の関数と同じ内容の関数です。56 行目から
の make2gram() 関数は、41 行目からの whatch() 関数を利用して、形態素
を切り出してリストにします。whatch() 関数は cutmorph.py プログラムで
利用したものと同じ関数で、字種の判定を行います。

3.5.2 形態素の連鎖を用いた人工無脳の実装

　第2章の最後に示した ai2.py プログラムの場合と同様、第1章の冒頭で説明した枠組みを genbymorph.py プログラムに適用することにより、genbymorph.py プログラムを応答システムに改造することが可能です。**図3.27** にこうして作成した人工無脳プログラム ai3.py を示します。また、**図3.28** に ai3.py プログラムの実行例を示します。

```
 1  # -*- coding: utf-8 -*-
 2  """
 3  ai3.py
 4  形態素の連鎖により文を作成する人工無脳です
 5  プログラムと同じディレクトリ（フォルダ）に、text.txtという名前の
 6  日本語ファイルを置いてください。
 7  使い方  c:¥>python ai3.py
 8  """
 9  # モジュールのインポート
10  import sys
11  import random
12  import re
13
14  # 下請け関数の定義
15  # generates()関数
16  def generates(chr, listdata):
17      """文の生成"""
18      # 開始文字の出力
19      print(chr, end = '')
20      # 続きの出力
21      while True:
22          # 次の文字の決定
23          n = random.randint(1, listdata.count(chr)) # 検索回数の設定
24          i = 0
25          for k, v in enumerate(listdata):  # 文字chrを探す
26              if v == chr:                   # 文字があったら
27                  i += 1                     # 発見回数を数える
28                  if i >= n:                 # 規定回数見つけたら
29                      break                  # 検索終了
30          nextchr  = listdata[k + 1]         # 次の文字を設定
```

◆**図 3.27**　形態素の連鎖を用いた人工無脳プログラム ai3.py（その 1）

```
31        print(nextchr, end = '')              # 一文字出力
32        if (nextchr == "。") or (nextchr == ". "): # 句点なら出力終了
33          break
34        chr = nextchr                          # 次の文字に進む
35      print()                                  # 一行分の改行を出力
36
37    # generates()関数の終わり
38
39    # whatch()関数
40    def whatch(ch):
41      """字種の判定"""
42      if re.match('[ぁ-ん]' , ch):      # ひらがな
43        chartype = 0
44      elif re.match('[ァ-ン]' , ch):    # カタカナ
45        chartype = 1
46      elif re.match('[一-龥]' , ch):    # 漢字
47        chartype = 2
48      else :                            # それ以外
49        chartype = 3
50      return chartype
51    # whatch()関数の終わり
52
53    # make2gram()関数
54    def make2gram(text, list):
55      """2-gramデータの生成"""
56      morph = ""
57      for i in range(len(text) - 1):
58        morph += text[i]
59        if whatch(text[i]) != whatch(text[i + 1]):
60          list.append(morph)
61          morph = ""
62      list.append(morph + text[-1])
63    # make2gram()関数の終わり
64
65    # メイン実行部
66    # ファイルオープンと読み込み
67    f = open("text.txt",'r')
68    inputtext = f.read()
69    f.close()
70    inputtext = inputtext.replace('¥n', '')      # 改行の削除
71
72    # 形態素の2-gramデータの生成
```

◆図 3.27　形態素の連鎖を用いた人工無脳プログラム ai3.py（その 2）

```
73  listdata = []
74  make2gram(inputtext, listdata)
75
76  # 会話しましょう
77  print("さくら：メッセージをどうぞ")
78  try:
79    while True :  # 会話しましょう
80      inputline = input("あなた：")
81      inputlist = []
82      make2gram(inputline, inputlist)
83      startch = inputlist[random.randint(0,len(inputlist) - 1)]
84      if not (startch in listdata):  # 開始形態素が存在しない
85        startch = listdata[random.randint(0,len(listdata) - 1)]
86      # メッセージの作成
87      print("さくら：", end = '')
88      generates(startch, listdata)
89
90  except EOFError:
91    print("さくら：ばいば～い")
92
93  # ai3.pyの終わり
```

◆図 3.27　形態素の連鎖を用いた人工無脳プログラム ai3.py（その 3）

C:¥Users¥odaka>python ai3.py
さくら：メッセージをどうぞ
あなた：私は小高です
さくら：　は人工無脳の行うことができるのです。
あなた：人工無脳の行うことができることには、どんなことが有りますか？
さくら：　、文法や自然言語処理」を持ち得るという考えても間違いありません。
あなた：なるほど、文法処理や自然言語を扱うことができるのですね
さくら：　基本的に人工無脳プログラムの実行結果は切っても切れない間柄なのです。
あなた：それは、プログラミングの技術である、ということですね
さくら：　、ただちに現在のコンピュータに説明し、象牙彫刻の先頭に関係について検討のELIZA（イライザ）という言葉を知的とはいえない技術　が発生しないかどうかを試しなさい、人間の図1.5
オリジナル版「さくら：メッセーリングは人工知能の言語処理系は実は人間からの入力があ　ったら返答だけを返し" 意志" により応答しているような動作をとらせることが可能です。
あなた：分かったような分からないようなお話です
さくら：　す知能があると判定できるのではないでしょうか。◆図1.15に対して、Pythonのソードサイトなどから手にされた多くの数の技術人工知能は著者と人工知能から、人工無脳プログラムであることを示します。
あなた：

◆図 3.28　ai3.py プログラムの実行例（1）　第 1 章のテキストによる生成

　ai3.py プログラムでは、人間の入力した文を先頭から形態素に分解し、ランダムに取り出した形態素を開始記号 startch として設定します。そして、genbymorph.py プログラムのアルゴリズムを用いて形態素の連鎖を生成します。たとえば図 3.28 において、人間が最初に入力した「私は小高です」という文については、ai3.py プログラムは入力文を形態素解析して、ランダムに選んだ「は」を startch として切り出しています。そして、genbymorph.py プログラムで使ったものと同じ generates() 関数により、形態素の連鎖により文を生成します。2 番目に人間が入力した「人工無脳の行うことができることには、どんなことが有りますか？」という文については、ランダムに選んだ「、」を startch として切り出しています。3 番目の入力では、人間の入力から切り出した形態素は選ばれずに、text.txt ファイルに含まれる形態素のなかからランダムに「基本的」を選んで、「基本的」から始めた文を出力しています。

　ai3.py プログラムは、text.txt ファイルを取り替えることで応答の様子を異なるものに切り替えることができます。**図 3.29** は、夏目漱石の小説「坊っちゃん」のテキストを用いた場合の会話例です。

```
C:¥Users¥odaka>python ai3.py
さくら：メッセージをどうぞ
あなた：私は小高です
さくら： 私にはそんな不人情な、世の手に居た。　赤シャツが物にならないが、あいた時間が使おうと思い出したら、君に関わる事だから行ったら、披いてみると辞令を下へ行くというあてもない。
あなた：おや？私をご存知ですか？
さくら： 私はちゃんと、思って飛んでもない勧誘をやる事は君が面白い前世紀の席上は宿へ帰って行って来ないようじゃないかと云うと、うらなり先生と山嵐は単に校長、奥さんを連れて、こんなまずい字がまずいばかりではない、善悪のバッタの方へ行こうかとも考えて、送別会をお開き　ますと狸の時はもう、一番強そうな奴が免職させる手際はなし、どうかならない事を笑いながら笑ったのは七時少し奇麗な手数だ。
あなた：良く分かりませんが、大変そうですね
さくら： 大変な事をしないでも、急いで上へ持って一応拝見をしてそれを恭しく思うんですがね……」「バッタと板の煮つけだ。
あなた：バッタの煮付けは、どこの郷土料理ですか？
さくら： の席に大いに喜んでいた。
あなた：珍しいのは確かですね
```

◆図 3.29　ai3.py プログラムの実行例（2）「坊っちゃん」のテキストによる生成（その 1）

さくら：珍しいものだ。
あなた：はい、そう思います
さくら：その年をとって、当地に片付けてしまうんだから豪傑に、親切、浮と云う狡い懸けてあるのか、自分で見ろ夢を加えて二三日暮していた連中はむしゃむしゃ旨い直してみて下さい」 なるほど狸のような雲が自然と云ったら、廊下の兼公と聞いたらこの男だ。
あなた：

◆図 3.29　ai3.py プログラムの実行例（2）「坊っちゃん」のテキストによる生成（その 2）

　図 3.29 の「さくら」の応答は、図 3.28 の応答とまったく異なる文体となっています。ai3.py プログラムでは、もととなる日本語テキストデータである text.txt ファイルを入れ替えることにより、さまざまな傾向の応答を得ることが可能です。さらに、第 6 章で扱う学習の手法を取り入れれば、対話相手の人間の入力に従って応答を変化させることも可能です。この点については後ほど改めて検討することにしましょう。

第 4 章

音声処理の技術

　本章では、音声を使ってコンピュータと人間がやり取りをする音声処理の原理について扱います。音声処理の技術は大きく二つに分けられます。一つは、コンピュータが音声を発する音声合成の技術です。もう一つは、人間の発する音声をコンピュータが認識する、音声認識の技術です。どちらも、実用レベルでの応用がすでになされています。しかし、どんな局面でも使える、人間と同じように音声を処理するコンピュータシステムは存在しません。こうした点の難しさについても述べていきたいと思います。

4.1　音声合成

4.1.1　コンピュータによる音の処理

　はじめに、コンピュータが音声を発する技術である音声合成について説明します。しかしその前に、基本的な疑問が生じます。そもそもコンピュータが音を発する、あるいは音を処理するにはどのような仕掛けが用いられるのでしょうか。そこでまずは、コンピュータによる音データの処理方法から見ていきましょう。

　コンピュータが扱うことのできるのは、所詮数字の並びだけです。したがって、音を扱う場合でも、音データを何とか数字の並びに変換しなければコンピュータでは処理できません。またコンピュータから音を出す場合には、数字の並びで表現した音データを本来の音信号に変更しなければなりません。このように、音のようなアナログデータを数値の並びであるディジタルデータに変換する操作を A/D 変換（「エーディーへんかん」と読みます）と呼びます。逆に、数値の並びのディジタルデータを音データに戻す変換を、D/A 変換（これは「ディーエーへんかん」と読みます）と呼びます。A/D 変換や D/A 変換は、音だけでなく、画像や動画像といったマルチメディアデータの処理に広く用いられます。

　実は、A/D 変換や D/A 変換は、コンピュータでの利用にとどまりません（**図 4.1**）。たとえば、ディジタル処理技術を使ったオーディオ装置や、ハード

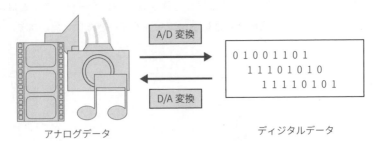

◆図 4.1　A/D 変換と D/A 変換

ディスクレコーダーのような映像機器、あるいはスマートフォンなどの通信機器でも広く用いられている技術です。読者の皆さんも、身の回りの装置のなかに、いくつものA/D変換器やD/A変換器を持っているはずです。

さて、音の場合に話を絞りましょう。音をA/D変換（**図4.2**）あるいはD/A変換するにはどうすればよいでしょうか。物理的にいえば、音あるいは音波とは、空気の振動の伝播です。つまり空気の密度が時間とともに変動したものが伝わったものが音です。そこで音をA/D変換により記録するには、空気の粗密の時間的な変動を数値の並びとして記録すればよいことになります。ある瞬間の音の強さを数値化し、これを適当な時間間隔で何回も繰り返すことで、音を記録します。

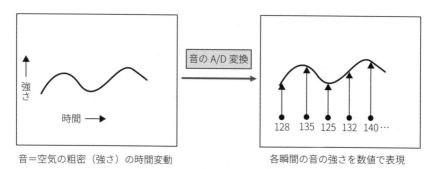

◆図4.2　音のA/D変換

ここで、決めなければならないことが二つ生じます。一つは、どのくらいの精度で各瞬間の音の強さを記録するかということです。もう一つは、どのくらいの時間間隔で音を数値化するかということです。前者は、何ビットの数値で音の強さを表すかということで、このビット数を量子化ビット数と呼びます。後者は、1秒間に何回音を記録するかということで、この数値をサンプリング周波数と呼びます。

原理的には、量子化ビット数の多いほうが音の記録が正確になり、結果として音質が良くなります。また、サンプリング周波数が高いほうが音質が良くなります（**図4.3**）。しかし、音質を良くすればするほど、記録されるデータ量が増えてしまいますから、音質とデータ量との兼ね合いで、量子化ビット数やサンプリング周波数を決定しなければなりません。たとえば音楽用のコンパ

クトディスク（CD）では、量子化ビット数 16 ビット、サンプリング周波数 44.1 kHz（つまり 1 秒間に 44,100 回）、ステレオ 2 チャンネルで音楽などの音データを記録します。電話ぐらいの音質でよければ、8 ビット 8 kHz 程度の記録で十分です。

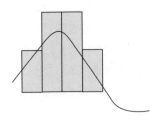

ビット数が少ない場合（粗い）　　　ビット数が多い場合（細かい）

(1) 量子化ビット数が多いほど、音の記録が正確になる

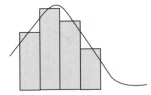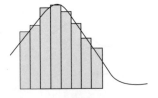

サンプリング周波数が低い場合　　　　サンプリング周波数が高い場合

(2) サンプリング周波数が高いほど、音の記録が正確になる

◆図 4.3　量子化ビット数とサンプリング周波数

　さて、実際のコンピュータで A/D 変換などを行うにはどうすればよいのでしょうか。A/D 変換や D/A 変換により音を取り扱うには、それ専用のソフトウェアを使うのが一番簡単です。たとえば A/D 変換により音を取り込むのであれば、Windows 10 では標準装備の「ボイスレコーダー」というソフトウェアを使うことができます。また、ボイスレコーダーよりも機能が多彩なフリーソフトも多数公開されています。たとえば、Audacity というフリーソフトは、ボイスレコーダーでは扱えないようなさまざまな形式の音データを処理することが可能です。このようなソフトを用いて音を取り込むと、**図 4.4** に示すような音波形を取得することが可能です。

　Audacity などのソフトにより記録した音データは、ファイルに保存することが可能です。ファイル形式には、量子化した数値をそのまま記録する PCM

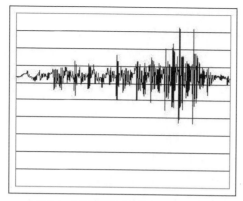

◆図 4.4　A/D 変換により取り込んだ音波形の例

（Pulse Code Modulation）形式や、得られた数値をあるアルゴリズムにより圧縮する mp3 形式、あるいはボイスレコーダーで用いられる m4a 形式など、さまざまな種類のファイル形式を指定できます。本書では、もっとも基本的なファイル形式である PCM 形式を用いることにします。

　D/A 変換による音の出力はどうでしょうか。Windows には、Windows Media Player という音楽再生ソフトが添付されています。Windows Media Player はさまざまな音楽情報を扱えるとともに、ここで説明するような基本的な音情報も扱うこともできます。また、Audacity などのソフトにも音を出力する機能がありますから、録音に用いたソフトをそのまま再生に利用することもできます。なお、後述するように、Python プログラムで音を再生することも可能です。

　PCM 形式の音データでは、A/D 変換で得られた数値を圧縮せずにそのまま利用します。このため、Python の基本的なモジュールを使って処理することが容易であるばかりでなく、多くの音データ処理ソフトでそのまま利用することができます。そこでここでは、PCM 形式の音データを後述する wav 形式と呼ばれるファイル形式で格納した、いわゆる wav ファイルを対象としてプログラムを作成することにします。wav ファイルは、Python の標準ライブラリで扱うことが可能です。

　ここで注意すべき点は、実は Windows 10 標準装備のボイスレコーダーには wav ファイルを扱う機能がないことです。本書の例題プログラムで音ファ

イルを処理する場合には、wav ファイルを扱える Audacity などのソフトを用いて、wav 形式で音を保存する必要があります。あるいは、Python の標準ライブラリには含まれていませんが、PyAudio のような拡張モジュールを利用することで、wav ファイルを Python プログラムから作成することも可能です。さらに付け加えると、Python では、音声合成や音声認識の拡張モジュールがいろいろと公開されています。本章で音処理の原理を把握されると、これらのモジュールの利用方法も理解しやすくなると思います。

　さて、wav ファイルの概要を説明しましょう。

　wav ファイルは RIFF（Resource Interchange File Format）形式と呼ばれるファイルの一種で、汎用の音データ格納ファイルです。wav ファイルの概略構造を**図 4.5** に示します。図のように、wav ファイルはデータの種類や格納形式を記述したヘッダ情報と、実際の音データを格納したデータチャンクから構成されています。チャンク（chunk）という言葉は、「かたまり」を意味する英語です。詳細な形式を**表 4.1** に示します。表 4.1 では、PCM 形式、8 kHz、8 ビット、モノラルで記録する場合を例にとって説明しています。

ヘッダなど
RIFF 識別子、ファイルサイズ wav 識別子 fmt チャンク (音データの形式指定)
データチャンク
data タグ、データサイズ 実際の音データの並び

◆**図 4.5　PCM 形式の音データを格納した wav ファイルの概略構造**

　では、実際の wav ファイルに書き込まれた音情報を読み出してみましょう。録音ソフトを用いて音を録音し、これを 8 kHz、8 ビット、モノラル形式で保存します。これを、たとえば「メモ帳」などのソフトで文字データとして開いてみましょう。すると、**図 4.6** のような表示が画面上に出力されます。これはちょうど、exe という拡張子を持つ機械語プログラムをメモ帳で開いてしまった場合とよく似た表示結果です。この表示結果からは、音を表す数字の並びを読み取ることはできません。

◆表 4.1　wav ファイルの構造（下線は空白を表す）

バイト数	記述内容	値の型	実際の値（例を含む）
4	RIFF 形式のファイルであることを表す識別子	文字	RIFF
4	バイト単位で表したファイルサイズ − 8（データ長 + 36 に等しい）	4 バイトの整数	たとえば、 0x9d 0x04 0x00 0x00
4	wav ファイルであることを表す識別子	文字	WAVE
4	fmt チャンクの開始を表すタグ	文字	fmt_
4	fmt チャンクの長さ。PCM ならば 10 進の 16（16 進の 0x10）	4 バイトの整数	0x10 0x00 0x00 0x00
2	フォーマット ID。普通の PCM ならば 1	2 バイトの整数	0x01 0x00
2	チャンネル数。モノラルならば 1	2 バイトの整数	0x01 0x00
4	サンプリングレート（単位 Hz）。8 kHz サンプリングならば 10 進の 8000（16 進の 0x1f40）	4 バイトの整数	0x40 0x1f 0x00 0x00
4	1 秒間に転送するデータ量（単位バイト）。モノラルの 8 kHz サンプリングならばサンプリングレートに等しく、10 進の 8000（16 進の 0x1f40）	4 バイトの整数	0x40 0x1f 0x00 0x00
2	1 サンプリングあたりのバイト数。8 ビットモノラルならば 1。もしステレオなら 2 倍になる	2 バイトの整数	0x01 0x00
2	1 チャンネル 1 サンプリングあたりのビット数。8 ビットサンプリングならば 8	2 バイトの整数	0x08 0x00
4	データチャンクの開始を表すタグ	文字	data
4	データのバイト数	4 バイトの整数	たとえば、 0x79 0x04 0x00 0x00
可変	データ。8 ビットサンプリングの場合、1 サンプリングあたり 1 バイトの整数がサンプリング数だけ並ぶ	整数	たとえば、 0x80 0x80 0x7f 0x7f …

　実は、exe ファイルや wav ファイルは、バイナリデータを記録したバイナリファイルなので、そのままでは文字として内容を表示することはできないのです。バイナリデータは、画面に表示可能な文字データとは異なり、文字コードではなく生の 2 進数で数値を記録したデータです。

　表 4.2 に文字データとバイナリデータの比較例を示します。ここでは、シフ

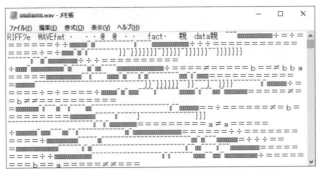

◆図4.6　wav ファイルを文字データとして開いた結果

ト JIS 漢字コードの環境で文字コードを用いる場合を仮定します。表で、文字データの「41」は画面に出力すれば当然「41」と表示されます。英数字はコンピュータ内部では、1文字を2進数8桁（つまり1バイト）で表現します。そこで文字データの「41」は、コンピュータ内部では2文字分のデータ量にあたる2進16桁（2バイト）を使って表現します。

◆表4.2　文字データとバイナリデータの比較

データ形式	画面に出力した場合の表示結果	コンピュータ内部での表現
文字データの「41」	41	00110100 00110001
バイナリデータの41	)	101001

　これに対してバイナリデータで41という値を表現すると、表のように6桁の2進数で表現することが可能です。ただしこれを画面に出力すると、表示システムはこの2進数を文字コードだと勘違いして表示してしまいます。この2進数は、たまたま半角記号の ")"（丸カッコ閉じ）を表す文字コードと一致するので、画面上には ")" が表示されてしまいます。図4.6ででたらめに記号が表示されているのは、バイナリつまり2進数で表現されたデータを勝手に文字コードとして解釈して表示してしまった結果なのです。バイナリデータの数値を読みたければ、2進数の表現を文字コードとして読み替えなければなりません。

　そこで、wav ファイルに記録された音データを取り出すのには、バイナリファイルを読み出して文字に変換する必要があります。この仕事を行う

Pythonのプログラムを書いてみましょう。

図4.7（1）に、バイナリファイルを読み込んで文字として値を出力するプログラムであるreadbin.pyのソースリストを示します。また実行例として、wavファイルのヘッダ部分を読み込んだ例を**図4.7（2）**に示します。

```
1   # -*- coding: utf-8 -*-
2   """
3   readbin.pyプログラム
4   バイナリファイルを読み込んで画面に値を出力します
5   使い方  c:¥>python readbin.py
6   """
7   # モジュールのインポート
8
9   # メイン実行部
10  # ファイルの読み込み
11  filename = input("ファイル名を入力:")
12  bfile = open(filename + ".wav", mode = 'rb')
13  binarydata = bfile.read()
14
15  # 画面出力
16  for ch in binarydata:
17      print(ch, end = '')
18      if(ch >= 32) & (ch <= 127):# 英数記号の範囲
19          print('¥t', chr(ch), end = '')
20      print()
21
22  # readbin.pyの終わり
```

(1) readbin.py のソースリスト

```
C:¥Users¥odaka>python readbin.py
ファイル名を入力:sample
82      R
73      I
70      F
70      F
(以下、表示が続く)
```

(2) 実行例（sample.wav という wav ファイルの内容を表示する例）

◆図4.7　バイナリファイルを読み込んで文字として値を出力する readbin.py プログラム

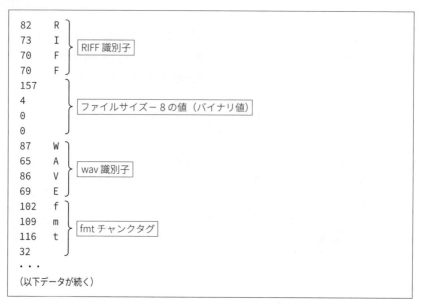

```
82      R  ⎫
73      I  ⎬  RIFF 識別子
70      F  ⎪
70      F  ⎭
157        ⎫
4          ⎬  ファイルサイズ－8の値（バイナリ値）
0          ⎪
0          ⎭
87      W  ⎫
65      A  ⎬  wav 識別子
86      V  ⎪
69      E  ⎭
102     f  ⎫
109     m  ⎬  fmt チャンクタグ
116     t  ⎪
32         ⎭
・・・
（以下データが続く）
```

◆図4.8　実際の wav ファイルのヘッダ（例）

　readbin.py プログラムの出力は、1 行がバイナリファイルの 1 バイトに対応します。図 4.7（2）で、「82」「73」「70」「70」と続いている各行の先頭の値は、バイナリデータを 10 進数に変換した値です。次に表示される文字は、バイナリデータを文字コードとみなして文字に変換した場合の文字です。ただし対応する文字コードが存在しない場合には何も表示しません。

　実際の wav ファイルのヘッダは、**図 4.8** のようになります。図 4.8 の最初の 4 行は、wav ファイルの最初の 4 バイトに対応します。表 4.1 に示したとおり、wav ファイルの最初の 4 バイトには「RIFF」という文字に対応する文字コードが記録されます。図 4.8 でも、先頭の 4 バイトには RIFF という文字コードが記録されています。

　次の 4 行は、ファイルサイズから 8 を減じた値を 4 バイトのバイナリデータとして記録した数値です。4 バイトの数値は 32 ビットの 2 進数を表しています。**図 4.9** に、4 バイトの数値と 32 ビットの 2 進数の関係を示します。図に示すように、wav ファイルはリトルエンディアンなので 4 バイトの数値は下位から上位に向けて並んでいますので、本来の 32 ビット表現を得るためには並び順を入れ替える必要があります。

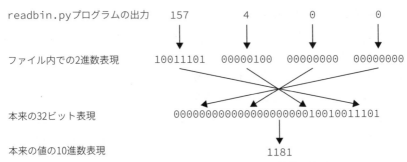

◆図4.9　バイナリファイル内での4バイト整数の表現

　さて、readbin.py プログラムのソースリストを見てみましょう。（図4.7 (1)）バイナリファイルの読み込みに特徴的なのは、ファイル読み込みの際の指定方法です。ファイルの読み込み準備は、12行目で次のように行っています。

```
12  bfile = open(filename + ".wav", mode = 'rb')
```

　ここで、実際のファイル読み込み準備は、代入文の右辺にある open() 関数によるファイルオープン作業により行っています。open() 関数は、第1引数でファイル名を指定します。readbin.py プログラムでは、11行目の input() 関数によるユーザからの入力によってファイル名を指定します。open() 関数の第2引数は、ファイルの扱い方法を指定します。open() 関数の第2引数の指定方法を表4.3 に示します。ここでは、'rb' と指定すること

◆表4.3　open() 関数の第2引数の指定方法
(1) 1文字目

文　字	意　味
r	読み出し
w	書き込み（上書きまたは新規作成）
a	追加書き込み
x	新規作成

(2) 2文字目

文　字	意　味
t（またはなし）	テキストファイル
b	バイナリファイル

107

で、1 文字目に r すなわち読み出しを指定し、2 文字目では b すなわちバイナ
リファイルを指定しています。

　いったんファイルをバイナリファイルとしてオープンすると、後はテキスト
の場合と同様に読み書きを指示することができます。readbin.py プログラム
では、read() メソッドによりバイナリファイルを読み出し、バイナリデータ
として変数 binarydata に格納します。後は、print() 関数を用いて画面に
対応する値を出力します。この処理は、16 〜 20 行目の for 文により行って
います。

　readbin.py プログラムは、wav ファイルを一般のバイナリファイルとして
取り扱うことで、wav ファイルの内部を観察するプログラムです。しかし対象
が wav ファイルだとあらかじめわかっているのなら、wav ファイルを扱うモ
ジュールである wave モジュールを利用することで、より簡単にファイル内部
を調べることができます。

　図 4.10 に、wav ファイルのヘッダ情報の概要を出力するプログラムである
readwavprop.py を示します。また図 4.11 に readwavprop.py の実行例を
示します。

```
1   # -*- coding: utf-8 -*-
2   """
3   readwavprop.pyプログラム
4   任意のWAVEファイルを読み込んで属性を出力します
5   使い方  c:¥>python readwavprop.py
6   """
7   # モジュールのインポート
8   import wave
9   # メイン実行部
10  # ファイルオープン
11  filename = input("ファイル名を入力:")
12  w = wave.open(filename + ".wav", mode = 'rb')
13
14  # 属性の出力
15  print("オーディオチャンネル数:", w.getnchannels())
16  print("サンプルサイズ      :", w.getsampwidth())
17  print("サンプリングレート    :", w.getframerate())
18  print("オーディオフレーム数  :", w.getnframes())
```

◆図 4.10　readwavprop.py プログラムのソースリスト（その 1）

```
19
20  # readwavprop.pyの終わり
```

◆**図 4.10　readwavprop.py プログラムのソースリスト（その 2）**

```
C:¥Users¥odaka>python readwavprop.py
ファイル名を入力：sample
オーディオチャンネル数： 1
サンプルサイズ     ： 1
サンプリングレート  ： 8000
オーディオフレーム数 ： 10000

C:¥Users¥odaka>
```

◆**図 4.11　readwavprop.py プログラムの実行例**

　readwavprop.py では、Python の標準ライブラリに含まれる wave モジュールを利用して、wav ファイルの概要を出力します。プログラムでは、8 行目でwave モジュールをインポートし、12 行目で wave.open() メソッドを用いてwav ファイルをオープンします。15 〜 18 行目で、wave モジュールに用意されたメソッドを利用することで、チャンネル数やフレーム数などの情報を出力しています。readwavprop.py プログラムでは利用していませんが、wave モジュールに含まれる readframes() メソッドを用いると、音データをすべて取り出すことも可能です。

4.1.2　音声合成の方法

　では、音データの具体的な表現方法がわかったところで、本章の中心テーマである音声合成に話題を進めましょう。

　音声合成技術として現在もっともよく用いられるのは、録音編集方式と呼ばれる構成方法です。録音編集方式では、形態素など適当な単位の自然音声を録音しておき、これを適宜つなぎ合わせて音声を合成します。ただし単純に録音音声をつなぎ合わせるとイントネーションやアクセントが不自然になり、とても奇妙な音声になってしまいます。このため録音編集方式では、合成したい音声出力全体の調子や表現に合わせて、あらかじめ用意した大量の音声データから適切なものを選び、それをさらに編集して出力します。この方法では、ごく

自然な音声を合成できるレベルまで技術が進んでいます。

　そのほかの方法には、たとえば声帯や声道の特徴を表したパラメータを用いて音声を合成する分析合成方式があります。ボコーダー（vocoder）とも呼ばれるこの方法は、1930年代にはすでに電気的装置として実現されています。歴史が古いので関連研究も多く技術的には発展していますが、録音編集方式と比べると音声の自然さの点で劣るといわれています。

　またこれ以外にも、声門や声道のモデルに基づいて音声を合成する声道アナログ型合成器など、さまざまな方法が研究されています。

　それではここで、録音編集方式の基本的な処理をPythonのプログラムで記述してみましょう。具体的には、あらかじめいくつかの音声データを録音しておき、これをコンピュータ内部で連結して再生してみたいと思います。

　まず、Pythonプログラムから音声を再生する方法を説明します。**図4.12**に、wavファイルを再生するplay.pyプログラムのソースリストを示します。また、**図4.13**にplay.pyプログラムの実行例を示します。

```
1   # -*- coding: utf-8 -*-
2   """
3   play.pyプログラム
4   winsoundモジュールを利用して、wavファイルを再生します
5   使い方  c:¥>python play.py
6   """
7   # モジュールのインポート
8   import winsound
9   # メイン実行部
10  filename = input("ファイル名を入力:")
11  winsound.PlaySound(filename + ".wav",winsound.SND_FILENAME)
12
13  # play.pyの終わり
```

◆**図4.12　play.py** プログラムのソースリスト

```
C:¥Users¥odaka>python play.py
ファイル名を入力：sample

C:¥Users¥odaka>
```

◆**図4.13　play.py** プログラムの実行例（**sample.wav** ファイルが再生される）

　図 4.13 の実行例では、ファイル名として「sample」を入力しているので、play.py プログラムと同じディレクトリに置かれた sample.wav という名前のファイルが再生されます。

　play.py プログラムでは、Windows 環境だけで利用可能な、winsound モジュールを利用しています。このため、たとえば Linux 環境では play.py プログラムは動作しません。play.py プログラムでは、8 行目で winsound モジュールを読み込んで、11 行目の PlaySound() メソッドを用いて wav ファイルに格納された音声データを再生しています。

　音声合成を実現するには、音声を毎回ファイルから読み込むのは非効率的です。そこで、あらかじめメモリに音声データを読み込んで、これを使って音声を再生することにしましょう。**図 4.14** に、メモリに音声データを読み込んで再生する playmem.py プログラムのソースリストを示します。

```
1   # -*- coding: utf-8 -*-
2   """
3   playmem.pyプログラム
4   winsoundモジュールを利用して、wavファイルを再生します
5   使い方  c:¥>python playmem.py
6   """
7   # モジュールのインポート
8   import winsound
9
10  # メイン実行部
11  filename = input("ファイル名を入力:")
12  wavfile = open(filename + ".wav", mode = "rb")
13  wavdata = wavfile.read()
14  winsound.PlaySound(wavdata, winsound.SND_MEMORY)
15
16  # playmem.pyの終わり
```

◆**図 4.14　playmem.py プログラムのソースリスト**

　playmem.py プログラムを実行すると、play.py プログラムの場合と同様に、指定したファイル名の wav ファイルが再生されます。

　playmem.py プログラムでは、winsound モジュールを読み込んで、11 ～ 13 行目において wav ファイルの内容を wavdata という変数に読み込んで

います。その後、14 行目において PlaySound() メソッドを用いて、変数 wavdata に格納した音声データを再生しています。

　playmem.py プログラムのしくみを利用して、三つの wav ファイルを繰り返し読み上げるプログラムである playabc.py プログラムを作成しましょう（**図 4.15**）。playabc.py プログラムでは、a.wav、b.wav、および c.wav という三つの wav ファイルに格納された音声を、

　　a.wav ⇒ b.wav ⇒ c.wav

の順番に 10 回繰り返して読み上げます。

```
1   # -*- coding: utf-8 -*-
2   """
3   playabc.pyプログラム
4   winsoundモジュールを利用して、a.wav,b.wav,およびc.wavという
5   3つのwavファイルに格納された音声を10回繰り返して読み上げます
6   使い方  c:\>python playabc.py
7   """
8   # モジュールのインポート
9   import winsound
10
11  # メイン実行部
12  # ファイルからの音声データの読み込み
13  awavfile = open("a.wav", mode = "rb")
14  awavdata = awavfile.read()
15  bwavfile = open("b.wav", mode = "rb")
16  bwavdata = bwavfile.read()
17  cwavfile = open("c.wav", mode = "rb")
18  cwavdata = cwavfile.read()
19  # 音声の読み上げ
20  for i in range(10):
21      winsound.PlaySound(awavdata, winsound.SND_MEMORY)
22      winsound.PlaySound(bwavdata, winsound.SND_MEMORY)
23      winsound.PlaySound(cwavdata, winsound.SND_MEMORY)
24
25  # playabc.pyの終わり
```

◆図 4.15　playabc.py プログラム

4.1.3 音声合成

以上の原理を応用して、音声合成プログラムを作成しましょう。ここでは、図 4.16 に示す書き換え規則 C に基づいて、天気予報のような音声を生成するプログラム genwf.py を作成することにします。

書き換え規則 C			
規則①	＜文＞	⇒	＜地区＞＜時間帯＞＜天気＞
規則②	＜地区＞	⇒	東京地方
規則③	＜地区＞	⇒	福井県
規則④	＜時間帯＞	⇒	今日は
規則⑤	＜時間帯＞	⇒	明日は
規則⑥	＜天気＞	⇒	＜天気＞ところにより＜天気＞
規則⑦	＜天気＞	⇒	晴れ
規則⑧	＜天気＞	⇒	曇り
規則⑨	＜天気＞	⇒	雨

◆図 4.16　書き換え規則 C

図 4.16 に示した書き換え規則 C を用いると、第 3 章で説明した方法により、図 4.17 のような文を生成することができます。

東京地方明日は晴れところにより晴れ
東京地方明日は曇り
東京地方明日は曇り
東京地方明日は雨ところにより晴れ
東京地方明日は晴れ
福井県明日は雨
東京地方明日は曇り
東京地方今日は雨ところにより曇り
東京地方今日は曇りところにより雨ところにより雨ところにより晴れところにより雨ところにより晴れところにより晴れところにより雨ところにより雨

◆図 4.17　書き換え規則 C による文の生成例

文生成プログラムは第 3 章の gens1.py プログラムや gens2.py プログラムと同様の方法で記述することができます。さらに、文生成を行う際に、あらかじめ用意した音声データを合成して、生成した文を読み上げます。

この方針で、書き換え規則 C に基づく天気予報読み上げプログラム genwf.

py を作成します。**図 4.18** に、genwf.py プログラムのソースリストを示します。

```
1   # -*- coding: utf-8 -*-
2   """
3   genwf.pyプログラム
4     天気予報を"しゃべる" プログラム
5     書き換え規則Cに従って天気予報を生成します
6     書き換え規則C
7     規則①  <文>→<地区><時間帯><天気>
8     規則②  <地区>→東京地方
9     規則③  <地区>→福井県
10    規則④  <時間帯>→今日は
11    規則⑤  <時間帯>→明日は
12    規則⑥  <天気>→<天気>ところにより<天気>
13    規則⑦  <天気>→晴れ
14    規則⑧  <天気>→曇り
15    規則⑨  <天気>→雨
16    実行には、テキスト形式で音声データを格納した、
17    以下の八つのwavファイルが必要です。
18    toukyouchihou.wav fukuiken.wav
19    kyouha.wav asuha.wav
20    hare.wav kumori.wav ame.wav
21    tokoroniyori.wav
22  使い方  c:\>python genwf.py
23  """
24
25  # モジュールのインポート
26  import random
27  import winsound
28
29  # 下請け関数の定義
30  # sentence()関数
31  def sentence():
32      """規則①  <文>→→<地区><時間帯><天気>"""
33      region()  # 地区の生成
34      timezone()  # 時間帯の生成
35      weather() # 天気の生成
36  # sentence()関数の終わり
37
```

◆図 4.18　genwf.py プログラムのソースリスト（その 1）

```
38  # region()関数
39  def region():
40      """
41      規則②  <地区>→東京地方
42      規則③  <地区>→福井県
43      """
44      if(random.randint(0, 1) > 0):# 規則②
45          winsound.PlaySound(toukyouwavdata, winsound.SND_MEMORY)
46          print("東京地方", end = '')
47      else: # 規則③
48          winsound.PlaySound(fukuiwavdata, winsound.SND_MEMORY)
49          print("福井県", end = '')
50
51  # region()関数の終わり
52
53  # timezone()関数
54  def timezone():
55      """
56      規則④  <時間帯>→今日は
57      規則⑤  <時間帯>→明日は
58      """
59      if(random.randint(0, 1) > 0):# 規則④
60          winsound.PlaySound(kyouhawavdata, winsound.SND_MEMORY)
61          print("今日は", end = '')
62      else: # 規則⑤
63          winsound.PlaySound(asuhawavdata, winsound.SND_MEMORY)
64          print("明日は", end = '')
65
66  # timezone()関数の終わり
67
68  # weather()関数
69  def weather():
70      """
71      規則⑥  <天気>→<天気>ところにより<天気>
72      規則⑦  <天気>→晴れ
73      規則⑧  <天気>→曇り
74      規則⑨  <天気>→雨
75      """
76      rndn = random.randint(6, 9)
77      if rndn == 6 :   # 規則⑥
78          weather()
```

◆図 4.18　genwf.py プログラムのソースリスト（その 2）

```
79      winsound.PlaySound(tokorowavdata, winsound.SND_MEMORY)
80      print("ところにより", end = '')
81      weather()
82    elif rndn == 7 : # 規則⑦
83      winsound.PlaySound(harewavdata, winsound.SND_MEMORY)
84      print("晴れ", end = '')
85    elif rndn == 8 : # 規則⑧
86      winsound.PlaySound(kumoriwavdata, winsound.SND_MEMORY)
87      print("曇り", end = '')
88    elif rndn == 9 : # 規則⑨
89      winsound.PlaySound(amewavdata, winsound.SND_MEMORY)
90      print("雨", end = '')
91
92  # weather()関数の終わり
93
94  # メイン実行部
95  # ファイルからの音声データの読み込み
96  toukyouwavfile = open("toukyouchihou.wav", mode = "rb")
97  toukyouwavdata = toukyouwavfile.read()
98  fukuiwavfile = open("fukuiken.wav", mode = "rb")
99  fukuiwavdata = fukuiwavfile.read()
100 kyouhawavfile = open("kyouha.wav", mode = "rb")
101 kyouhawavdata = kyouhawavfile.read()
102 asuhawavfile = open("asuha.wav", mode = "rb")
103 asuhawavdata = asuhawavfile.read()
104 harewavfile = open("hare.wav", mode = "rb")
105 harewavdata = harewavfile.read()
106 kumoriwavfile = open("kumori.wav", mode = "rb")
107 kumoriwavdata = kumoriwavfile.read()
108 amewavfile = open("ame.wav", mode = "rb")
109 amewavdata = amewavfile.read()
110 tokorowavfile = open("tokoroniyori.wav", mode = "rb")
111 tokorowavdata = tokorowavfile.read()
112
113 # 文の生成
114 for i in range(100):
115   sentence()
116   print()
117
118 # genwf.pyの終わり
```

◆図 4.18　genwf.py プログラムのソースリスト（その 3）

genwf.py プログラムの実行例を**図 4.19** に示します。genwf.py プログラムを起動すると、天気予報のような文を読み上げて、読み上げ後に読み上げた文を文字にして画面に出力します。

```
C:¥Users¥odaka>python genwf.py
東京地方今日は晴れ
福井県明日は晴れ
福井県明日は曇り
福井県明日は曇りところにより曇り
福井県今日は晴れところにより曇り
東京地方明日は雨
東京地方明日は曇りところにより雨ところにより晴れところにより雨ところにより晴れところにより晴れ
東京地方明日は晴れ
（以下出力が続く）
```

◆**図 4.19　genwf.py プログラムの実行例**

図 4.18 の冒頭のコメントにもあるように、genwf.py プログラムを実行するには、**表 4.4** に示した八つの wav ファイルが必要です。ファイル形式は wav 形式限定であり、mp3 形式や m4a 形式などのファイルは利用できません。これは、音声の再生に利用している winsound モジュールによる制限です。

◆**表 4.4　genwf プログラムを実行するのに必要な音声ファイル（wav 形式）**

ファイル名	格納されたテキスト形式音声データ
toukyouchihou.wav	とうきょうちほう
fukuiken.wav	ふくいけん
kyouha.wav	きょうは
asuha.wav	あすは
hare.wav	はれ
kumori.wav	くもり
ame.wav	あめ
tokoroniyori.wav	ところにより

genwf.py プログラムは、gens1.py プログラムや gens2.py プログラムと同様に、書き換え規則に従って文字列を出力します。それと同時に、

playabc.py と同様に、winsound モジュールを利用して単語を読み上げています。

genwf.py プログラムを説明します。94 行目からのメイン実行部では、96 〜 111 行目で wav ファイルを読み込んでいます。その後 114 〜 116 行目の for 文により、天気予報の文を 100 回生成します。

文の生成は、115 行目の sentence() 関数の呼び出しから始まります。30 行目からの sentence() 関数は、規則①に従って地区、時間帯、および天気を生成します。このために sentence() 関数は、region() 関数、timezone() 関数、および weather() 関数を順に呼び出します。それぞれの関数では、乱数を利用して規則をランダムに選択することで、天気予報のような文を生成します。

4.2 音声認識

4.2.1 音声認識技術

音声認識は、人間の発する音声をコンピュータが認識するという、音声合成とは逆の処理を行う技術です。現在、スマートフォンやスマートスピーカーなどで見られるように、音声認識による入力は広く実用化されています。

現在実用化されている音声認識システムでは、多くの場合、クラウドによる処理を前提としたシステムを採用しています。クラウドとは、ネットワーク上の "どこか" にあるサーバによって処理を行う処理システムを意味します。

クラウドベースの音声認識システムの概念を図 4.20 に示します。図にあるように、音声の入出力を担当するコンピュータやスマートフォンは、単なるインタフェース端末として動作します。音声データはネットワークを介してクラウド上のサーバに送られて、サーバの提供する強力なコンピューティングパワーを利用することで、リアルタイムの音声認識を実現しています。

音声認識システムにクラウドが利用されるのは、音声認識が負荷の大きい処理であることに理由があります。つまり、音声認識を行うための計算処理の量

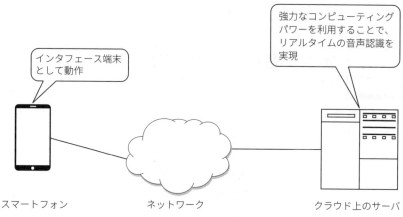

強力なコンピューティング
パワーを利用することで、
リアルタイムの音声認識を
実現

インタフェース端末
として動作

スマートフォン　　　　　ネットワーク　　　　　クラウド上のサーバ

◆図 4.20　クラウドベースの音声認識システム

が多く、普通のパーソナルコンピュータやスマートフォンの処理能力では実用
的な時間内での認識処理ができないからです。加えて、音声認識に必要となる
データが膨大であることも理由としてあげられます。

4.2.2　音声認識の方法

　音声認識のプログラムをスクラッチから作成するのは、相当に困難な仕事で
す。また、音声認識に必要とされるデータを作成するのも、大変難しい作業で
す。

　音声認識システムを構築する現実的な方法は、Google や Microsoft など
が提供している音声認識のフレームワークを利用することです。たとえば
Google は、Google Cloud Speech-to-Text という枠組みで、音声認識の機能
を提供しています。Google Cloud Speech-to-Text は深層学習を利用した音声
認識技術を採用しており、最先端の音声認識技術を利用することが可能です。

　Google Cloud Speech-to-Text などの機能を Python プログラムから利用す
るには、アプリケーションプログラムと音声認識システムとをつなぐ API を
インストールする必要があります。そのうえで Python プログラムから音声認
識機能を利用することで、自分のプログラムのなかから音声認識を利用するこ

とができるようになります。

<table>
<tr><td>

4.3

</td><td>

実習：音声合成と人工無脳
（しゃべる人工無脳）

</td></tr>
</table>

　本章の最後に、しゃべる人工無脳を紹介しましょう。**図 4.21** の ai4.py プログラムは、ランダムに応答を返す単純な人工無脳ですが、wav ファイルを再生することでメッセージに対応する音声を出力します。画面例では音が出ていることはわかりませんが、**図 4.22** に実行例を示します。なお、ai4.py プログラムの実行には、返答を記録した wav ファイル（fuun.wav、sounano. wav、soukamo.wav、byebye.wav）が必要です。

```
1   # -*- coding: utf-8 -*-
2   """
3   しゃべる人工無脳プログラム  ai4.py
4   このプログラムは、音声で返答する人工無脳です
5   ただし、返答内容は固定です
6   返答を記録したwavファイル（fuun.wav,sounano.wav,soukamo.wav,
7   byebye.wav）が必要です
8   使い方  c:¥>python ai4.py
9   """
10  # モジュールのインポート
11  import winsound
12  import random
13
14  # 下請け関数の定義
15  # reply()関数
16  def reply():
17      """人工無脳の返答作成（ランダム）"""
18      rndn = random.randint(1, 4)
19      if rndn == 1 :
20          print("さくら：ふ～ん、それで？ ")
21          winsound.PlaySound(fuunwavdata, winsound.SND_MEMORY)
22      elif rndn == 2 :
23          print("さくら：そうなの？ ")
24          winsound.PlaySound(sounanowavdata, winsound.SND_MEMORY)
```

◆図 4.21　しゃべる人工無脳 ai4.py のソースリスト（その 1）

```
25      else :
26          print("さくら：そうかもしれないわね・・・")
27          winsound.PlaySound(soukamowavdata, winsound.SND_MEMORY)
28
29  # reply()関数の終わり
30
31  # メイン実行部
32  # ファイルからの音声データの読み込み
33  fuunwavfile = open("fuun.wav", mode = "rb")
34  fuunwavdata = fuunwavfile.read()
35  sounanowavfile = open("sounano.wav", mode = "rb")
36  sounanowavdata = sounanowavfile.read()
37  soukamowavfile = open("soukamo.wav", mode = "rb")
38  soukamowavdata = soukamowavfile.read()
39  byebyewavfile = open("byebye.wav", mode = "rb")
40  byebyewavdata = byebyewavfile.read()
41
42  # 入力と応答
43  print("さくら：メッセージをどうぞ")
44  try:
45      while True :   # 会話しましょう
46          inputline = input("あなた：")
47          reply()    # 人工無脳の返答
48  except EOFError:
49      print("さくら：ばいば～い")
50      winsound.PlaySound(byebyewavdata, winsound.SND_MEMORY)
51
52  # ai4.pyの終わり
```

◆図 4.21　しゃべる人工無脳 ai4.py のソースリスト（その 2）

```
C:¥Users¥odaka>python ai4.py
さくら：メッセージをどうぞ
あなた：こんにちは。
さくら：ふ～ん、それで？
あなた：それで、今日はいい天気ですね。
さくら：そうなの？
あなた：そのようですよ。
さくら：ふ～ん、それで？
```

◆図 4.22　ai4.py プログラムの実行例（図だけではわからないが、人工無脳のメッセージに
　　　　　対応する音声が出力されている）（その 1）

```
あなた：明日も晴れますよ。
さくら：そうなの？
あなた：^Z
さくら：ばいば～い

C:¥Users¥odaka>
```

◆図 4.22　ai4.py プログラムの実行例（図だけではわからないが、人工無脳のメッセージに対応する音声が出力されている）（その 2）

ai4.py プログラムでは、乱数を使って三つの応答文をランダムに選び、応答として出力しています。その際、あらかじめ用意された wav ファイルを選び、音声を出力します。

ai4.py プログラムを発展させることは容易です。たとえば genwf.py プログラムと同様の方法で返答をより多様にしたり、n-gram の連鎖による文生成と組み合わせることも可能です。

第 5 章

知識表現

　本章では、人工知能における知識表現の技術を取り上げ、人工無脳システムとの関係を考えます。応用用途に合わせて知識表現にはさまざまな形式がありますが、ここでは、意味ネットワーク、スクリプト、プロダクションルールなどを取り上げて説明します。これらの知識表現は汎用の表現形式であるとともに、人工無脳のような対話応答システムにおいて特に重要な役割を果たします。

5.1 意味ネットワーク

　本節では、汎用性の高い知識表現手法である意味ネットワークを取り上げます。意味ネットワークの考え方は、スクリプトやプロダクションルールなど、ほかの知識表現の基礎としても重要です。

5.1.1 意味ネットワークの表現

　意味ネットワークの表現形式の基礎となるのは、一般のネットワークによるデータ表現形式です。ネットワークは、ノード（節、節点）をリンク（アーク、枝）で結んだデータ表現です（**図5.1**）。ネットワークはノード間の関係を柔軟に表現できるので、実世界におけるさまざまなデータを扱うことができます。

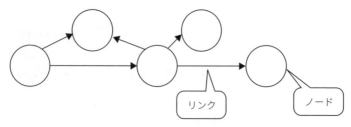

◆**図5.1　ネットワークの表現**

　意味ネットワークは、ネットワークの表現形式を知識表現に適用したデータ構造です。ネットワークのノードにものを対応させ、リンクにもの同士の関係を対応させます。たとえば、**図5.2**では、「コンピュータ」というものの性質を表現した意味ネットワークです。「コンピュータ」は「機械」であり、「CPU」「メモリ」「ディスク」を有する、という性質を表しています。リンクの横に書いてある「isa」は "is a" を意味し、「〜は〜である」という関係を表します。また「has」はそのまま "has" を意味し、「〜は〜を有する」という関係を表します。isa や has は代表的な関係の例ですが、リンクが表す関係は基本的にはどのようにでも拡張可能です。

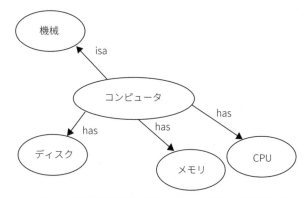

コンピュータは機械であり、CPU、メモリ、ディスクを有する

◆**図 5.2　意味ネットワークによる知識表現の例**

　意味ネットワークの応用例として、対話応答システムを考えます。図 5.2 の意味ネットワークを使うと、たとえば次のような対話応答を行うことが可能です。

　　問い　コンピュータは何ですか
　　答え　コンピュータは機械です
　　問い　コンピュータは何を含みますか
　　答え　コンピュータは CPU を含みます
　　　　　コンピュータはメモリを含みます
　　　　　コンピュータはディスクを含みます

　図 5.2 の意味ネットワークは非常に単純な内容ですが、意味ネットワークを拡張することで、さらに複雑な知識を表現し、利用することが可能です。

5.1.2　フレーム

　意味ネットワークを発展させた知識表現の方法として、フレームがあります。フレームは、意味ネットワークのノードの内部にスロットと呼ばれる構造を持った知識表現です。フレームの表現例を**図 5.3** に示します。フレームはあるひとまとまりの概念を表します。図 5.3 では、コンピュータフレームがコン

ピュータの構成要素をスロット値として保持することで、コンピュータという
ものを表現しています。意味ネットワークの場合と同様に、フレーム同士に関
係を与えることもできます。図では、機械フレームの性質を受け継ぐものとし
て、コンピュータフレームを定義しています。コンピュータフレームは機械フ
レームの性質を受け継ぐため、たとえば機械フレームのスロット「硬さ」で定
義された性質「硬い」は、コンピュータフレームでもそのまま受け継がれま
す。このようなしくみを継承と呼びます。フレームでは、スロットによる属性
の表現以外に、たとえば手続きをフレーム内に持つこともできます。

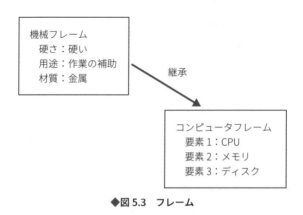

◆図 5.3　フレーム

　フレームは、第 1 章で紹介したミンスキーが 1970 年代に提案した知識表現
の枠組みです。ちなみに、手続きを含んだフレーム表現は、ソフトウェア開発
技術における大きな柱の一つであるオブジェクト指向におけるデータ表現とと
てもよく似ています。フレーム表現は、後で述べるプロダクションルールとと
もに、人工知能の応用システムにおいて広く用いられています。

5.1.3　意味ネットワークによる連想応答システム

　意味ネットワークの応用例として、連想により次々と単語を応答する連想応
答システムを構築してみましょう。意味ネットワークはものごとの関連を柔軟
に表現することができます。そこで、単語を意味ネットワークの isa 形式であ
らかじめ連結し、これを知識表現として格納します。利用者がある単語を入力

したら、連鎖を順にたどることで、その単語と関連する別の単語を次々と出力します。結果として、言葉遊びである「いろはに金平糖」や「さよなら三角また来て四角」のような、または精神分析法でいうところの自由連想法のような連想語系列を得ることができます。

図 5.4 のような意味ネットワークを構成するためには、連想の対象となる語のデータを作成しなければなりません。しかし、手作業でこうした意味ネットワークを作るのは大変な手間がかかります。そこで、本書でこれまでに進めてきたように、電子的に利用可能なテキストデータから連想意味ネットワークを自動的に抽出するプログラムを試してみましょう。

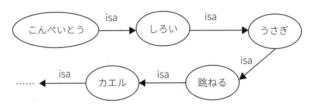

◆図 5.4　語の連想を表現した意味ネットワーク

はじめに、連想の対象となる語をテキストから抽出し、次に、語の前後関係から isa 関係を決めることで意味ネットワークを作成します。語の抽出のために、cutkk.py というプログラムを作成します。また、意味ネットワークの構成に makesnet.py というプログラムを作成することにします。

テキストデータから語の集合を抽出する方法を考えます。これには、すでに第 2 章や第 3 章で説明した形態素解析の手法が応用可能です。対象とする語を、漢字あるいはカタカナの連鎖と定義すれば、字種を用いた形態素抽出と同様の方法で語を抽出することが可能です。この考え方で作成したプログラム cutkk.py を図 5.5 に示します。

```
1  # -*- coding: utf-8 -*-
2  """
3  cutkk.pyプログラム
4  漢字やカタカナ語の抽出
5  テキストデータから、漢字やカタカナによる語を抽出します
```

◆図 5.5　cutkk.py プログラムのソースリスト（その 1）

```
 6   使い方  c:¥>python cutkk.py < (日本語テキストデータ)
 7   """
 8   # モジュールのインポート
 9   import sys
10   import re
11
12   # 下請け関数の定義
13   # whatch()関数
14   def whatch(ch):
15       """字種の判定"""
16       if re.match('[ァ-ンー]' , ch):  # カタカナと伸ばし棒
17           chartype = 1
18       elif re.match('[一-龥]' , ch):  # 漢字
19           chartype = 2
20       else :                         # それ以外
21           chartype = 3
22       return chartype
23   # whatch()関数の終わり
24
25   # メイン実行部
26   # 解析対象文字列の読み込み
27   inputtext = sys.stdin.read()
28
29   # 分かち書き文の生成
30   for i in range(len(inputtext) - 1):
31       if re.match('[。．、，]', inputtext[i]):
32           continue
33       if whatch(inputtext[i]) == 3:
34           continue
35       print(inputtext[i], end = "")
36       if whatch(inputtext[i]) != whatch(inputtext[i + 1]):
37           print()
38
39   # cutkk.pyの終わり
```

◆図 5.5　cutkk.py プログラムのソースリスト（その 2）

　図 5.6 に示す cutkk.py プログラムの実行例は、第 1 章のテキストから語を
切り出す例です。cutkk.py プログラムは標準入力からデータを受け取ります
から、入力テキストは図のようにリダイレクトで与えます。

```
C:¥Users¥odaka>python cutkk.py < ch1txt.txt
第
章
人工無脳
人工知能
本書
人工人格
創造
目指
人工知能技術
人工無脳
（以下出力が続く）
```

◆図 5.6　cutkk.py プログラムの実行例

　cutkk.py プログラムの構造を説明します。25 行目からのメイン実行部では、27 行目で解析対象のテキストファイルを標準入力から読み込みます。次に、30 〜 37 行目の for 文において、カタカナまたは漢字の連鎖からなる語を切り出して、順に出力します。このとき、字種の判定に whatch() 関数を利用します。for 文による繰り返しの本体では、whatch() 関数の戻り値に従って漢字またはカタカナの連鎖を取り出して、字種の変化する部分で改行します。

　14 行目からの whatch() 関数では、正規表現を用いて 1 文字ずつ字種を調べます。そして、カタカナと伸ばし棒「ー」の場合には数値の 1 を呼び出し側に戻し、漢字の場合には 2 を戻します。また、それ以外の場合には 3 を戻します。

　次に、cutkk.py プログラムの処理手続きを応用して意味ネットワークを構築する、makesnet.py プログラムを考えます。makesnet.py プログラムは、cutkk.py プログラムの出力を 2 語ずつの組にして、小さな意味ネットワークを多数生成します。さらに、生成した複数の意味ネットワークを順に連結することで、意味ネットワーク全体を構築します。makesnet.py プログラムでは、意味ネットワークの作成元となる日本語テキストを、text.txt という名前のファイルから読み込みます。そこで makesnet.py プログラムを実行する際には、プログラムと同じディレクトリ（フォルダ）に、text.txt という名前の日本語ファイルを置いてください。

　makesnet.py プログラムの実行例を図 5.7 に示します。図 5.7 の実行例で

は、次のような日本語の文章を text.txt ファイルに格納して、makesnet.
py プログラムを実行しています。

　これは日本語テキストによる文章です。日本語のテキスト文章は日本語で
　す。これが日本語で書いた日本語の文章です。日本語のテキストデータで
　す。

　図 5.7 の実行例では、利用者からの「日本語」という入力に対して、isa リ
ンクを利用してランダムに語の連鎖を作成しています。makesnet.py プログ
ラムは、同じ語に対する連鎖を 5 回生成して終了します。

```
C:¥Users¥odaka>type text.txt
これは日本語テキストによる文章です。日本語のテキスト文章は日本語です。これが日本語で書い
た日本語の文章です。日本語のテキストデータです。

C:¥Users¥odaka>python makesnet.py
開始文字列（形態素）を入力してください：日本語
日本語 はテキスト 、
テキスト は文章 、
文章 は日本語 、
日本語 は日本語 、
日本語 は・・・わからない！

日本語 は日本語 、
日本語 はテキスト 、
テキスト は文章 、
文章 は日本語 、
日本語 は・・・わからない！
（以下出力が続く）
```

◆図 5.7　makesnet.py プログラムの実行例（1）

　テキストファイル text.txt を取り替えると、連想の内容も変化します。
たとえば**図 5.8** の実行例では、第 1 章のテキストファイルを格納した text.
txt を利用しています。

```
C:¥Users¥odaka>type text.txt
第 1 章  人工無脳から人工知能へ

本書では、人工人格の創造を目指して、人工知能技術により人工無脳を高めていく方法を示します
。そこで第1章では、人工無脳と人 工知能について概説します。
この本を手にされた多くの方は、
（以下出力が続く）


C:¥Users¥odaka>python makesnet.py
開始文字列（形態素）を入力してください：情報科学
情報科学 は学問分野 、
学問分野 は成立 、
成立 は・・・わからない！

情報科学 は学問分野 、
学問分野 は成立 、
成立 は・・・わからない！

情報科学 は学問分野 、
学問分野 は成立 、
成立 は・・・わからない！

情報科学 は学問領域 、
学問領域 は・・・わからない！

情報科学 は立場 、
立場 は検討 、
検討 は進 、
進 は時代 、
時代 は・・・わからない！
（以下出力が続く）


C:¥Users¥odaka>python makesnet.py
開始文字列（形態素）を入力してください：人工
人工 は知能 、
知能 は呼 、
呼 は次 、
次 は処理 、
処理 は多分 、
多分 は・・・わからない！
```

◆図 5.8　makesnet.py プログラムの実行例（2）（その 1）

人工 は知能 、
知能 は次 、
次 は処理 、
処理 は手間 、
手間 は・・・わからない！

人工 は知能 、
知能 は実現 、
実現 は処理 、
処理 は本体 、
本体 は・・・わからない！
（以下出力が続く）

◆図 5.8　makesnet.py プログラムの実行例（2）（その 2）

図 5.8 で、makesnet.py プログラムを実行させると、最初の例では、利用者は「情報科学」という語を入力しています。すると makesnet.py プログラムは、「情報科学」から「学問分野」という語を連想します。次に「学問分野」から「成立」という語を連想し、「成立」からの連想には失敗して「わからない！」というメッセージを表示しています。

図 5.8 中の 2 回目の実行例では、「人工」という単語に対しては、「知能」「呼」「次」「処理」「多分」と、連想を働かせています。

別の例を見てみましょう。**図 5.9** は、小説「坊っちゃん」をもとに構成した意味ネットワークによる連想の例です。この例では、テキストファイル text.txt には小説「坊っちゃん」のテキストを格納してあります。先の例と比較して、ぐっと趣のある連想結果が得られているようにも思えます。

```
C:\Users\odaka>python makesnet.py
開始文字列（形態素）を入力してください：赤
赤 はシャツ 、
シャツ は弟 、
弟 は堀田君 、
堀田君 は事 、
事 は十六七 、
十六七 は・・・わからない！
```

◆図 5.9　makesnet.py プログラムの実行例（3）（その 1）

```
赤 はシャツ 、
シャツ は一人 、
一人 は婆 、
婆 は古賀 、
古賀 は気 、
気 は毒 、
毒 は云 、
云 は安 、
安 は君 、
君 は行 、
行 は相手 、
相手 は何 、
何 は切符売下所 、
切符売下所 は・・・わからない！

赤 はシャツ 、
シャツ は人 、
人 は得 、
得 は用事 、
用事 は出 、
出 は野 、
野 は頭 、
頭 は乗 、
乗 は乗 、
乗 は何 、
何 は知 、
知 は明日辞表 、
明日辞表 は・・・わからない！
（以下出力が続く）
```

◆図 5.9　makesnet.py プログラムの実行例（3）（その 2）

それでは、makesnet.py プログラムのソースリストを見てみましょう。**図**
5.10 にソースリストを示します。

```
1  # -*- coding: utf-8 -*-
2  """
3  makesnet.pyプログラム
4  意味ネットワークの作成
```

◆図 5.10　makesnet.py プログラムのソースリスト（その 1）

```
 5  プログラムと同じディレクトリ（フォルダ）に、text.txtという名前の
 6  日本語ファイルを置いてください。
 7  使い方  c:\>python makesnet.py
 8  """
 9  # モジュールのインポート
10  import sys
11  import collections
12  import random
13  import re
14
15  # 下請け関数の定義
16  # whatch()関数
17  def whatch(ch):
18      """字種の判定"""
19      if re.match('[ァ-ンー]' , ch): # カタカナと伸ばし棒
20          chartype = 1
21      elif re.match('[一-龥]' , ch): # 漢字
22          chartype = 2
23      else :                          # それ以外
24          chartype = 3
25      return chartype
26  # whatch()関数の終わり
27
28  # make2gram()関数
29  def make2gram(text, list):
30      """2-gramデータの生成"""
31      morph = ""
32      for i in range(len(text) - 1):
33          if whatch(inputtext[i]) == 3:
34              continue
35          morph += text[i]
36          if whatch(text[i]) != whatch(text[i + 1]):
37              list.append(morph)
38              morph = ""
39      list.append(morph + text[-1])
40  # make2gram()関数の終わり
41
42  # makesnet()関数
43  def makesnet(listdata, ifpart, thenpart):
44      """意味ネットワークの生成"""
45      for i in range(0, len(listdata) - 1 , 2):
```

◆図 5.10　makesnet.py プログラムのソースリスト（その 2）

```
46        ifpart.append(listdata[i])
47        thenpart.append(listdata[i + 1])
48  # makesnet()関数の終わり
49
50  # searchsnet()関数
51  def searchsnet(chr, ifp, thenpart):
52    """連想の生成"""
53    # データのコピー
54    ifpart = ifp.copy()
55    # 連想の出力
56    while True:
57      print(chr,"は", end = '')
58      #次の文字の決定
59      if ifpart.count(chr) == 0: # 連想終了
60        print("・・・わからない！")
61        break
62      n = random.randint(1, ifpart.count(chr))    # 検索回数の設定
63      i = 0
64      for k, v in enumerate(ifpart):            # 文字chrを探す
65        if v == chr:                            # 文字があったら
66          i += 1                                # 発見回数を数える
67          if i >= n:                            # 規定回数見つけたら
68            break                               # 検索終了
69      nextchr  = thenpart[k]                     # 次の文字を設定
70      print(nextchr, "、")                       # 一文字出力
71      chr = nextchr                             # 次の文字に進む
72      ifpart[k] = ""
73    print()                                     # 一行分の改行を出力
74  # searchsnet()関数の終わり
75
76  # メイン実行部
77  # ファイルオープンと読み込み
78  f = open("text.txt",'r')
79  inputtext = f.read()
80  f.close()
81  inputtext = inputtext.replace('¥n', '')       # 改行の削除
82
83  # 形態素の2-gramデータからの、意味ネットワークの生成
84  listdata = [] # 形態素の2-gramデータ
85  make2gram(inputtext, listdata)                # 2-gramデータの生成
86  ifpart = []   # 意味ネットワークの上位部分（条件）
```

◆図 5.10　makesnet.py プログラムのソースリスト（その 3）

```
 87    thenpart = [] # 意味ネットワークの下位部分（結果）
 88    makesnet(listdata, ifpart, thenpart) # 意味ネットワークの生成
 89
 90    # 開始文字列の決定
 91    startch = input("開始文字列（形態素）を入力してください：")
 92
 93    # 5回の文の生成
 94    if startch in ifpart:    # 開始文字が存在するなら
 95      for i in range(5) :
 96        searchsnet(startch, ifpart, thenpart)
 97    else:                    # 開始文字が存在しない
 98      print("開始文字列", startch, "が存在しません")
 99
100    # makesnet.pyの終わり
```

◆図 5.10　makesnet.py プログラムのソースリスト（その 4）

　makesnet.py プログラムの概要を説明します。76 行目からのメイン実行部では、78 〜 80 行目で text.txt ファイルを読み込み、81 行目で読み込んだテキストデータから処理に不要な改行を削除しています。次に 83 〜 88 行目にかけて、形態素の 2-gram データから意味ネットワークを生成します。はじめに 84 行目と 85 行目で make2gram() 関数を用いて 2-gram を生成し、86 〜 88 行目で makesnet() 関数を利用して意味ネットワークを生成します。生成した意味ネットワークは、isa リンクの前半部分を ifpart に、後半部分を thenpart に格納します。続いて 91 行目で開始文字列を読み込み、94 行目からの条件判定と繰り返しによって意味ネットワークを出力します。

　makesnet.py プログラムでは、いくつかの下請け関数を利用します。このうち、whatch() 関数は字種を判定する関数であり、cutkk.py プログラムで用いたものと同一です。また make2gram() 関数は、ai3.py プログラムなどで用いたものと同じものです。

　makesnet() 関数は、与えられた形態素の連鎖データから、isa リンクで 2 項を結びつけた意味ネットワークを生成します。具体的には、図 5.11 に示したような形式の形態素の連鎖データを第 1 引数として受け取り、そこから、図 5.12 に示すような意味ネットワークを生成して、第 2 引数と第 3 引数に格納して返します。

```
本書
人工人格
創造
目指
人工知能技術
人工無脳
```

◆**図 5.11　makesnet( ) 関数の受け取る形態素の連鎖データの例**

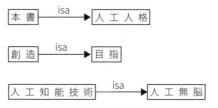

◆**図 5.12　図 5.11 の語群より生成した意味ネットワーク**

　searchsnet() 関数（50 〜 74 行目）は、与えられた形態素をスタートとして、意味ネットワークを用いて連想を展開します。はじめに 54 行目において、与えられた意味ネットワークの前提部分となるリスト ifp をコピーして、作業用のリスト ifpart を作成します。これは、連想を生成する際に、同じ連想を繰り返さないように一度利用した前提部分を消去しながら連想を続けるため、前提部分となるリストを書き換えてしまうからです。そこで、元の意味ネットワークを壊さないようにするために、あらかじめ作業中のリストを作っておきます。

　実際の連想は、56 行目からの while 文により進めます。isa リンクに該当する項目がないため連想が続かない場合には、while 文による繰り返しを打ち切って連想を終わります（59 〜 61 行目）。そうでなければ、何番目の該当項目を利用するかを変数 n に設定し（62 行目）、64 行目の for 文によって n 番目の項目を探します。見つけた項目を出力し（70 行目）、次の探索に進むために検索項目をセットして（71 行目）、今回見つけた項目は繰り返しを避けるために消去します（72 行目）。

5.2 スクリプト

　人間の持つ知識には、意味ネットワークの表すような時間に依存しない静的な知識のほかに、時間の順が意味を持つような知識があります。スクリプトは、時間順に記述を並べることで、何かが時間順に進行していくような形式の知識を表現する枠組みです。

　スクリプトは、ある一群の出来事をひとまとめにして扱います。スクリプトに含まれる出来事の一つひとつをシーンと呼びます。さらに、一つのシーンは、複数のエピソードから構成されます。たとえば、学生が学校に行き授業を受けて帰るスクリプトは、**図 5.13** のようになるでしょう。

スクリプト：学校で授業を受けて帰る
　　　家を出て駅まで自転車で行く
　　　駅で電車に乗る
　　　電車を降りて学校まで歩く
　　　学校の教室に行き、席に着く
　　　先生が来て授業が始まる
　　　授業が終わり、席を立つ
　　　学校から駅まで歩く
　　　駅で電車に乗る
　　　電車を降りて自転車に乗る
　　　家に帰る

◆図 5.13　「学校で授業を受けて帰る」スクリプトの例

　図 5.13 のスクリプトには、「家を出て駅まで自転車で行く」から「家に帰る」までの 10 個のエピソードが存在します。このスクリプトがあれば、「学校で授業を受けて帰る」ということを聞くだけで、その途中の出来事や様子を推論することができます。たとえば図 5.13 のスクリプトを使えば、コンピュータは**図 5.14** のような会話を行うことができるはずです。

　スクリプトは、人間の持つ記憶と似た性質を持っています。人間は「学校に行く」ということを聞いたからといって、その時間的経過の細部までいちいち思い浮かべることはありません。しかし、細部について考えれば、答えを思い浮かべることができます。スクリプトはこうした記憶の性質に似せて設計された知識表現形式です。対話システムとの関係でいえば、対象世界の知識を保持

人間	：昨日は学校で授業を受けました。
コンピュータ	：わかりました。
人間	：私は昨日電車に乗ったでしょうか。
コンピュータ	：たぶん乗りました。
人間	：家からどうやって駅まで行ったかわかりますか。
コンピュータ	：たぶん自転車で行きました。
人間	：何の授業を受けたでしょうか。
コンピュータ	：わかりません。

◆図 5.14　図 5.13 のスクリプトを使った会話

することに用いることもできますし、話題をどう展開するかという対話の流れの制御自体を、スクリプトを用いて行うこともできるでしょう。

5.3　プロダクションルール

　プロダクションルール（production rule）は、「もし〜ならば〜である」という形式のルールを積み重ねることで知識を表現する知識表現形式です。プロダクションルールをプログラミング言語の if 文のように書き表すならば、次のようになります。

```
if（条件）then（帰結）
```

　プロダクションルールによる知識表現の例を**図 5.15** に示します。図は、コンピュータネットワークの設備選択に関する知識をプロダクションルールで表現した例です。知識の利用者は、まず初期条件として、PC（パーソナルコンピュータ）を持ち運ぶ必要があるかどうかを与えます。もし持ち運ぶ必要があるのなら、ルール①の条件が合致します。するとルール①の帰結として PC はノート型であることが与えられます。次に、PC がノート型であることをもとにすべてのルールの条件を調べます。するとルール③の条件が合致し、ルール③の帰結から、ネットワークは無線 LAN を選択すべきであることがわかります。このように、プロダクションルールの条件と帰結を順に調べることで、知識を使った推論を展開することができます。

```
ルール①　if（PCの持ち運びが必要）　then（PCはノート型）
ルール②　if（PCの持ち運びが不要）　then（PCはデスクトップ型）
ルール③　if（PCはノート型）　then（無線LAN）
ルール④　if（PCはデスクトップ型）　then（有線LAN）
```

◆図 5.15　プロダクションルールによる知識表現の例

　プロダクションルールを使った知識表現は 1950 年代にはすでに提案されており、1970 年代にはハーバート・サイモン（Herbert A. Simon）とアレン・ニューウェル（Allen Newell）によって人間の問題解決モデルとして定式化されました。プロダクションルールは人間の長期記憶をモデル化した知識表現です。プロダクションルールに基づく推論システムであるプロダクションシステムは、ある条件に対して帰結としてある行動を選択するという認知科学的な意味での一般的な知識の利用方法をモデル化した推論システムです。

　プロダクションシステムは、プロダクションルールとワーキングメモリ、それに推論エンジンから構成されます。実際的なシステムでは、利用者と推論エンジンのインタフェースとして、ヒューマンインタフェースも含みます（図 5.16）。

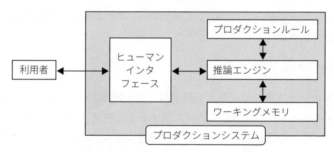

◆図 5.16　プロダクションシステムの構造

　図 5.16 で、プロダクションルールは先に示した if then 形式のルール記述です。推論エンジンは、プロダクションルールを順に調べることで結論を導く働きをする、ルールの解釈システムです。推論エンジンがルールを順に調べる際、推論の途中過程でデータを記録しておく必要があります。ワーキングメモリは、この目的で用いられる記憶領域です。図 5.15 の例でいえば、推論の過程で PC がノート型かデスクトップ型かを記録する必要があります。この記録を保持するのがワーキングメモリです。

　プロダクションシステムは、単に人間の推論過程を単純化したモデルであるだけでなく、工学的にも有用です。ある分野の専門家の知識を誰もが利用できるようにすることを目的とした推論システムを、エキスパートシステムと呼びます。プロダクションシステムは、エキスパートシステムの構築技術として頻繁に利用されています。

5.4 会話応答システムにおける知識表現の利用（簡単なエキスパートシステムの実装）

5.4.1 カウンセリングプログラムの実現

　本章の最後に、人工無脳への知識表現技術の応用方法を考えてみましょう。ここでは、人間の入力文をルールに基づいて解析し、その結果によって人工無脳の応答を変化させる、一種のエキスパートシステムを考えることにします。

　人間からの入力文を解析する方法として、ここではキーワード抽出を採用します。第3章で議論したように、人間の入力文の解析を行う際には、形態素解析や構文解析の結果から意味解析を行うという正統派の自然言語処理による方法をとることもできます。しかしここでは、着目すべき入力文の意味が、文に含まれる語によって代表されていると考え、特定のキーワードを見つけてそれに反応する応答システムを構成することにします。

　ルールに基づくキーワード抽出型人工無脳の動作概念を**図 5.17** に示します。人間は自由に文を入力します。人工無脳プログラムは入力文のなかに、あらかじめ与えられたルールに含まれるキーワードを探します。図の例では、「私には悩みがあります。」という人間の入力に対して、人工無脳はルール1234 を適用し、キーワード「悩み」に対応する応答文「どんな悩みですか？」を出力します。

　この方法では、人間の入力文の意味を解釈しませんから、応答がおかしくなる場合も考えられます。図 5.17 の例でいえば、人間が「悩みがないので人生楽しくてしかたありません」と入力すると、人工無脳はやはりルール 1234 を適用してしまい、前後の意味を考えずにキーワード「悩み」に対応する応答文

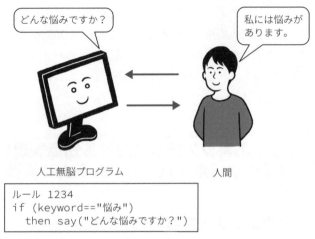

◆図 5.17　キーワード抽出に基づくルールベース人工無脳

「どんな悩みですか？」を出力してしまいます。

　それでは、ルールに基づくキーワード抽出型人工無脳 ai5.py プログラムの構成方法を考えましょう。ai5.py プログラムの基本コンセプトとして、ワイゼンバウムの ELIZA（イライザ）風のカウンセリングプログラムを目指すことにします。

　まず、ルールの記述方法を決めなければなりません。表現方法として、プロダクションルールの形式を採用することにします。図 5.17 の例のように、if 部の条件としてあるキーワードが含まれていたら、then 部の帰結としてある応答文を出力する、というようにプロダクションルールを設定します（**図5.18**）。プロダクションルールの条件に含むキーワードは複数記述できるようにしましょう。たとえば、「先生」と「相談」というキーワードを両方とも含んでいたら、「相談の内容はどんなことでしょう」と答える、といったルールを記述できるようにします。すると、条件は複数のスロットから構成されることになります。

```
if  キーワード 1  キーワード 2  ...
     then  キーワードに対応する応答文
```

◆図 5.18　ai5.py プログラムにおけるプロダクションルールの形式

以上の方針に基づいて作成した ai5.py プログラムの実行例を**図 5.19** に示します。

```
C:¥Users¥odaka>python ai5.py
さくら：さて、どうしました？
あなた：先生に相談があります
さくら： 相談の内容はどんなことでしょう
あなた：私の母のことです
さくら： どうぞあなたのことを聞かせてください
あなた：私にとても干渉します
さくら： どうぞあなたのことを聞かせてください
あなた：私は自立したいのです
さくら： どうぞあなたのことを聞かせてください
あなた：先生、聞いてくれていますか？
さくら： 私のことでなくあなたのことを話しましょう
あなた：・・・はい、そうします
さくら： どうぞ続けてください
あなた：
```

◆**図 5.19　ai5.py プログラムの実行例**

図 5.19 の実行例では、七つのプロダクションルールを用いて応答文を生成しています。ai5.py プログラムでは、プロダクションルールは Python のリスト形式でプログラムに組み込んであります。**図 5.20** に、図 5.19 で用いたルールの内容を示します。

```
48    # プロダクションルールの設定
49    prule = [["先生","","","","私のことでなくあなたのことを話しましょう"],
50            ["母","","","","お母さんが気がかりですか"],
51            ["私","","","","どうぞあなたのことを聞かせてください"],
52            ["先生","私","","","どうしてそう聞くのですか"],
53            ["昨日","私","","","なるほど、それでどうしましたか"],
54            ["東京","福井","","","どちらが良いと思いますか"],
55            ["先生","相談","","","相談の内容はどんなことでしょう"],
56            ]
```

◆**図 5.20　図 5.19 で用いたルールの内容（ai5.py プログラムの一部抜粋）**

ルールを格納したリスト prule は、リストを要素とするリストです。prule では、一つのリストを使って一つのプロダクションルールを記述し、

これらをまとめてルール群を構成します。

　一つのルールを表現するリストでは、はじめにキーワードを文字列として四つ記述します。もし四つ未満の場合には、使わないキーワードを空の文字列 "" として記述してください。四つのキーワードを書いたら、キーワードに対応する応答文を最後に記述します。図 5.20 の例で、一つ目のリストでは、1個のキーワード「先生」が含まれていたら、人工無脳は「私のことでなくあなたのことを話しましょう」と応答する、というルールを表しています。また最後のルールは、二つのキーワード「先生」と「相談」が含まれていたら人工無脳は「相談の内容はどんなことでしょう」と応答する、というルールを表しています。

　図 5.21 に、人工無脳 ai5.py プログラムのソースリストを示します。

```
 1  # -*- coding: utf-8 -*-
 2  """
 3  プロダクションルールを用いた人工無脳　ai5.py
 4  使い方　c:¥>python ai5.py
 5  """
 6  # モジュールのインポート
 7  import random
 8
 9  # 下請け関数の定義
10  # answer()関数
11  def answer(inputline, prule):
12      """ 応答文の生成 """
13      # マッチするルールの個数を調べる
14      no = 0
15      for singlep in prule:
16          if rulematch(inputline, singlep):
17              no += 1
18      if no == 0: # マッチするルールがない
19          print("さくら: どうぞ続けてください")
20      else: # 少なくとも1つはマッチするルールがある
21          limit = random.randint(0, no - 1)
22          no = 0
23          for singlep in prule:
24              if rulematch(inputline, singlep):
```

◆**図 5.21　人工無脳 ai5.py のソースリスト（その 1）**

```python
25                 if no == limit:
26                     print("さくら：",singlep[4])
27                     break
28             no += 1
29
30 # answer()関数の終わり
31
32 # rulematch()関数
33 def rulematch(inputline, singlep):
34     """ 入力にマッチするルールを探す """
35     count = 0
36     for i in range(4):
37         if singlep[i] == "":
38             count += 1
39         elif singlep[i] in inputline:
40             count += 1
41     if count ==4:
42         return True
43     else:
44         return False
45 # rulematch()関数の終わり
46
47 # メイン実行部
48 # プロダクションルールの設定
49 prule = [["先生","","","","私のことでなくあなたのことを話しましょう"],
50          ["母","","","","お母さんが気がかりですか"],
51          ["私","","","","どうぞあなたのことを聞かせてください"],
52          ["先生","私","","","どうしてそう聞くのですか"],
53          ["昨日","私","","","なるほど、それでどうしましたか"],
54          ["東京","福井","","","どちらが良いと思いますか"],
55          ["先生","相談","","","相談の内容はどんなことでしょう"],
56         ]
57
58 # 入力と応答
59 print("さくら：さて、どうしました？")
60 try:
61     while True :  # 会話しましょう
62         inputline = input("あなた：")
63         answer(inputline, prule) # プロダクションルールによる応答文生成
64 except EOFError:
65     print("さくら：それではお話を終わりましょう")
```

◆図 5.21　人工無脳 ai5.py のソースリスト（その 2）

66
67　# ai5.pyの終わり

◆図 5.21　人工無脳 ai5.py のソースリスト（その 3）

　ai5.py プログラムの構造を説明します。はじめに 47 行目から始まるメイン実行部を見てください。冒頭の 49 〜 56 行目において、先に図 5.20 で示したルールを定義しています。その後、58 〜 65 行目の繰り返し処理は、ai1.py や ai4.py と同様です。異なるのは、63 行目において answer() 関数を呼び出して、プロダクションルールによる応答文を生成していることです。

　answer() 関数は 10 行目から始まります。answer() 関数の処理の流れを図 5.22 に示します。

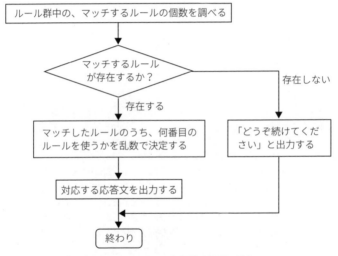

◆図 5.22　answer( ) 関数の処理の流れ

　answer() 関数では、最初に利用者の入力文とマッチするプロダクションルールがあるかどうかを調べます。もし一つもマッチするルールがなければ、answer() 関数は「どうぞ続けてください」と出力して処理を終わります。そうでなく、一つ以上マッチするルールがあれば、ルールに対応する応答文を出力します。

　この際、複数のルールがマッチした場合にはそのうちの一つを選択しなけれ

ばなりません。この作業を競合解消と呼びます。一般にプロダクションシステムでは、競合解消が必ず必要になります。

　競合解消にはいくつかの方法があります。たとえば、なるべく特殊なルールを採用する方法があります。これは、ある条件が一般的なルールと特殊なルールの両方にマッチするならば、特殊なルールのほうがよりよく個々の状況を反映しているとする考えによります。本プログラムの例でいえば、キーワードが1個のルールと2個のルールがともにマッチした場合には、キーワード2個のルールを選ぶ、とするものです。

　競合解消のほかの方法として、たとえばルールごとに優先度を設け、複数のルールが選択されたら優先度に基づいてそのうちの一つを選択することもできます。また、単に検索の順で先に出現したものを選ぶという方法も考えられます。

　ここでは、競合解消の方法として、21行目にあるように、乱数を利用しています。すなわち、ルールの個数を格納した変数 no を random.randint() に与えることで、0から no − 1 までの間の乱数を一つ取得し、その値を変数 limit に格納します。そのうえで23行目からの for 文によりあらためてルールを検索し、limit 番目のルールを採用します。26行目の print() 関数の呼び出しにより、ルールに対応する応答文を出力します。

　answer() 関数は、さらに下請け関数として、rulematch() 関数を利用します。rulematch() 関数は、入力 inputline にルール singlep がマッチするかどうかを調べ、マッチするなら True（真）を、マッチしないなら False（偽）を返します。

　answer() 関数の処理が終わりメイン実行部に戻ると、再び利用者からの入力を待ちます。入力が終了したら、エンディングメッセージを出力して（65行目）、プログラムを終了します。

5.4.2　ルールの変更

　ai5.py プログラムは ELIZA 流のカウンセリングプログラムとして設計しましたが、リスト prule に記述したルールを変更すれば、当然、異なった動作をします。たとえば、**図 5.23** のようなルールを記述して ai5.py プログラ

ムを実行します。すると、**図 5.24** のような問答を行うことができます。この
ように、ルールの記述を独立させることで、同じプログラムでも違う目的で使
うことができるのです。一般に汎用のエキスパートシステムでは、ルールと推
論エンジンを独立させることで、ルールを取り替えれば異なるエキスパートシ
ステムとして動作することができるように設計されています。

```
48  # プロダクションルールの設定
49  prule = [["Python","繰り返し","","","for文やwhile文です"],
50          ["Python","データの集まり","","","リストです"],
51          ["Python","入力","","","input()等です"],
52          ["Python","出力","","","print()等です"],
53          ]
```

◆図 5.23　prule へのルールの記述例

```
C:\Users\odaka>python ai5.py
さくら：さて、どうしました？
あなた：Pythonで繰り返しを記述するには何を使いますか？
さくら： for文やwhile文です
あなた：では、Pythonでデータの集まりを表現するには？
さくら： リストです
あなた：Pythonの入力には何を用いますか？
さくら： input()等です
あなた：では、Pythonの出力には？
さくら： print()等です
あなた：よくご存じですね
さくら： どうぞ続けてください
あなた：
```

◆図 5.24　図 5.23 のルールに基づく会話例

第 **6** 章

学 習

　本章では、コンピュータプログラムが行う学習について、対話システムとの関係から扱います。対話相手の入力文から応答を学習するプログラムや、ニューラルネットワークを用いた学習プログラムを例題として示します。

6.1 暗記に基づく学習

6.1.1 暗記学習と教示学習

　暗記に基づく学習は、入力として与えられたデータをそのまま用いてシステムの内部状態を変更する学習方法です。暗記に基づく学習は学習方法としては単純でわかりやすいのですが、システムに与える学習データを人間が作らなければならないため、コンピュータが学習するという一般的な機械学習のイメージとは少し異なっているかもしれません。

　暗記に基づく学習には、狭い意味での暗記学習や、教示学習などが含まれます。狭い意味での暗記学習は、学習すべきデータを人間が用意して、これを直接コンピュータに与えます（**図 6.1**）。前章までの人工無脳のプログラム例は、多かれ少なかれ初歩的な暗記学習を行うプログラムです。

学習対象データ

人工無脳プログラム　　　　　　　　人間

◆図 6.1　狭い意味での暗記学習（学習対象データをあらかじめ人間が編集して、そのままプログラムに埋め込む）

　狭い意味での暗記学習は、あまり機械学習らしくありません。極論すればプログラミングという操作自体が暗記学習になってしまいます。また、与えられた事例すべてをそのままプログラムに埋め込むので、実用的なシステムを作るためにはさまざまな場合に対応する学習データを大量に用意する必要があります。この意味で、暗記学習は学習の効率が良くありません。さらにその結果として、学習されたデータを効率良く取り出すのも困難です。

これに対して教示学習では、プログラムに対して人間が学習対象データを提示し、プログラムが学習対象データを解釈して利用に適した形式に変換します（**図 6.2**）。人間はプログラムに対して、知識を提示します。プログラムは、与えられた知識を変換して、プログラム自身が使いやすい形式に整えます。教示学習は、狭い意味での暗記学習と比較して、一般の意味での学習により近い形式の機械学習です。

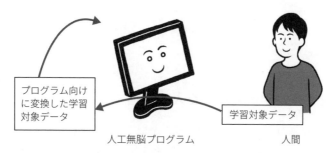

プログラム向けに変換した学習対象データ

学習対象データ

人工無脳プログラム

人間

◆**図 6.2　教示学習**（学習対象データをプログラム自身が編集して取り込む）

教示学習も暗記的な学習ですから、人間が提示する学習対象データの内容が正しく、かつ互いに矛盾しないことが保証される必要があるなど学習対象データには強い制約が課せられます。逆に、学習対象データが不確実なものである場合には、教示学習によりプログラムが壊れてしまう危険性もあります。何でも丸呑みにしてしまう暗記的な学習ですから、その危険性は人間の場合でも人工知能プログラムの場合でも同じかもしれません。

なお、暗記学習や教示学習は、学習対象データを与える人間が、人工知能プログラムに対する先生の役割を担っています。どちらの場合にも、人間の判断により、正しい知識を学習対象データとして与えます。また教示学習では、学習対象データの扱い方を人間が判断して教示することもあります。このように、先生が教えてくれる環境で進める学習を「教師あり学習」と呼びます。教師あり学習には、暗記に基づく学習のほか、後述する帰納的学習や一般のニューラルネットワークの学習などがあります。

教師あり学習に対して、「教師なし学習」という学習方法があります。さらに第 3 の方法として、やってみた結果うまくいったらそれを知識として獲得する「強化学習」があります（**表 6.1**）。

◆表 6.1　教師あり学習・教師なし学習・強化学習

分　類	説　明	例
教師あり学習	学習内容や判断のしかた、物事の正誤などを教えてくれる「教師」が存在するもとでの学習	暗記に基づく学習 帰納的学習 類推による学習 一般のニューラルネットワークの学習
教師なし学習	教師が存在しない場合の学習。あらかじめ与えられたアルゴリズムに従って自動的に学習を進める	一部のニューラルネットワークの学習（自己符号化器や自己組織化マップなど）
強化学習	一連の試行の結果がうまくいったら、それらをまとめて評価することで学習を進める	モンテカルロ学習 Q 学習

6.1.2　教示学習に基づく人工無脳

　教示学習に基づく人工無脳プログラムを構成してみましょう。ここでは、第3章で作成した ai3.py プログラムに、教示学習の機能を追加することを試みます。ai3.py プログラムは、あらかじめ用意した形態素の連鎖を使って文を組み立てます。形態素の連鎖はファイルで与え、人間との対話によって変化することはありません。そこで教示学習の考え方に基づいて形態素に関する知識を学習する機能を追加することで、ai3.py プログラムを改良しましょう。

　具体的には、ai3.py プログラムの持つ形態素連鎖データを、人間からの入力によって逐次増やしていくことを考えます。人間が入力した文章を解析し形態素の連鎖を抽出して、これを人工無脳の形態素連鎖データにただちに組み込むことにします（**図 6.3**）。このように変更したプログラムを、以下、ai6.py プログラムと呼ぶことにします。

　たとえば今、**図 6.4** に示すような内容のテキストファイル text.txt を初期状態として ai6.py プログラムに与えるものとします。図 6.4 には二つの文しか登録されていません。したがって ai3.py プログラムであれば、返答文は極めて限られた内容になってしまいます。しかし学習能力を持つ ai6.py プログラムであれば、必ずしもそうはなりません。

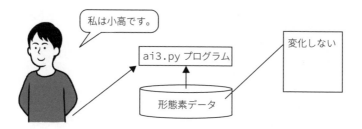

（1）ai3.py プログラムの形態素データは変化しない

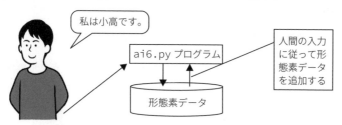

（2）ai6.py プログラムの形態素データは学習により変化する

◆図 6.3　ai3.py プログラムと ai6.py プログラムの比較

人工無脳は人工知能です。人工知能の目指すのは人工人格です。

◆図 6.4　ai6.py に与えたテキストファイル text.txt の初期状態

　図 6.5 は、図 6.4 のテキストファイルを与えて学習型人工無脳プログラム
ai6.py を実行した結果の例です。

```
C:¥Users¥odaka>python ai6.py
さくら：メッセージをどうぞ
あなた：私は小高です。初めまして。
さくら：　です。
あなた：私は人間です。
さくら：　私は人間の目指すのは人工人格です。
あなた：さくらさんは人工無脳ですか
さくら：　人工無脳ではないということですね。
あなた：そうすると人工知能ですね
```

◆図 6.5　学習をする ai6.py プログラムとの対話例（その 1）

> さくら：人工知能の目指すのは人工人格です。
> あなた：なるほど、さくらさんは人工人格ですか
> さくら：さくらさんは人工無脳ではありません。
> あなた：私は人間の小高です。
> さくら：人間です。
> あなた：はい、その通りです
> さくら：、さくらさんは人工無脳ではないということですね。
> あなた：分かりました
> さくら：小高です。
> あなた：^Z
> さくら：ばいば〜い

◆**図6.5　学習をするai6.py プログラムとの対話例（その2）**

　図からわかるように、ai6.py プログラムは、人間の入力文から形態素連鎖を学習しています。たとえば、図6.5 の2番目の人工無脳の応答は次のようです。

> さくら：私は人間の目指すのは人工人格です。

　図6.4 のテキストデータには、「私」という形態素は含まれていません。したがって、学習をしないai3.py プログラムならば、「私は人間の目指すのは人工人格です。」という応答文を生成することはできません。しかしai6.py プログラムでは、直前の人間の入力文「私は小高です。初めまして。」を解析して形態素連鎖を取り出し、これを利用して応答文を生成することで、図6.5 のような応答を実現しているのです。ai6.py プログラムにおける学習の効果が発揮されています。

　ai6.py プログラムでは、入力文を逐次解析し、そのまま形態素データとして取り入れていきます。したがってプログラムの実行につれて、形態素データの量が増加していきます。また、プログラム終了時に、そのセッションで人間から入力されたテキストデータを text.txt ファイルに追記します。たとえば、図6.5 の対話の結果として、text.txt は**図6.6** のようにその内容が増加します。

　では次に、ai6.py プログラムの作り方を考えましょう。ai6.py プログラムでは、利用者からの入力文を入力のつど解析することにします。そして、形態素連鎖データにこの解析結果を入力のたびに追加することで、新たな形態素連鎖を学習することにします。この処理の概要を**図6.7** に示します。

人工無脳は人工知能です。人工知能の目指すのは人工人格です。

（1）実行前の text.txt ファイル

人工無脳は人工知能です。人工知能の目指すのは人工人格です。私は小高です。初めまして。私は人間です。さくらさんは人工無脳ですか。そうすると人工知能ですね。なるほど、さくらさんは人工人格ですか。私は人間の小高です。はい、その通りです。分かりました。

（2）実行後の text.txt ファイル

◆図 6.6　図 6.5 実行前後における、text.txt ファイルの変化

テキストファイル text.txt を読み込んで、変数 inputtext に保存する

↓

以下を入力終了まで繰り返す
　　　　変数 inputtext に格納されたテキストデータから形態素の 2-gram を生成する
　　　　利用者からの入力を受け取り変数 inputline に格納する
　　　　inputline の文字列を、形態素 inputlist に分解する
　　　　inputlist から適当な形態素を選んで結合し、返答文を生成する
　　　　変数 inputtext の最後部に、利用者からの入力である変数 inputline を追加する

↓

入力が終わったら、変数 inputtext をファイル text.txt に書きこんで終了する

◆図 6.7　ai6.py プログラムにおける処理の概要

　図 6.7 にあるように、ai6.py プログラムでは、利用者からの入力のつど、変数 inputtext に格納されたテキストデータから形態素の 2-gram を生成します。次に、利用者の入力から適当な形態素を選んで文を生成して出力します。そして、次の文生成に備えて、変数 inputtext の最後部に利用者からの入力を追加します。これを繰り返すことで、変数 inputtext に利用者からの入力が追加されていきます。プログラム終了時に、変数 inputtext の内容を text.txt ファイルに書き戻すことで、学習結果を保存します。

　以上の方針で、ai6.py プログラムを作成します。ai6.py プログラムのソースリストを**図 6.8** に示します。

```
1   # -*- coding: utf-8 -*-
2   """
3   ai6.py
4   学習により語彙を増やす人工無脳プログラム
5   プログラムと同じディレクトリ（フォルダ）に、text.txtという名前の
6   日本語ファイルを置いてください。
7   プログラムの終了時に、text.txtファイルを書き換えます
8   text.txtファイルやディレクトリの書き込み権限がないとエラーになります
9   使い方  c:¥>python ai6.py
10  """
11  # モジュールのインポート
12  import sys
13  import random
14  import re
15
16  # 下請け関数の定義
17  # generates()関数
18  def generates(chr, listdata):
19    """文の生成"""
20    # 開始文字の出力
21    print(chr, end = '')
22    # 続きの出力
23    while True:
24      # 次の文字の決定
25      n = random.randint(1, listdata.count(chr)) # 検索回数の設定
26      i = 0
27      for k, v in enumerate(listdata):         # 文字chrを探す
28        if v == chr:                           # 文字があったら
29          i += 1                               # 発見回数を数える
30          if i >= n:                           # 規定回数見つけたら
31            break                              # 検索終了
32        if k >= len(listdata) - 1:
33          break
34      nextchr  = listdata[k + 1]               # 次の文字を設定
35      print(nextchr, end = '')                 # 一文字出力
36      if (nextchr == "。") or (nextchr == ". "): # 句点なら出力終了
37        break
38      chr = nextchr                            # 次の文字に進む
39    print()                                    # 一行分の改行を出力
40  # generates()関数の終わり
41
```

◆図6.8　ai6.py プログラムのソースリスト（その1）

```
42  # whatch()関数
43  def whatch(ch):
44    """字種の判定"""
45    if re.match('[ぁ-ん]' , ch):     # ひらがな
46      chartype = 0
47    elif re.match('[ァ-ン]' , ch):  # カタカナ
48      chartype = 1
49    elif re.match('[—-?]' , ch):    # 漢字
50      chartype = 2
51    else :                          # それ以外
52      chartype = 3
53    return chartype
54  # whatch()関数の終わり
55
56  # make2gram()関数
57  def make2gram(text, list):
58    """2-gramデータの生成"""
59    morph = ""
60    for i in range(len(text) - 1):
61      morph += text[i]
62      if whatch(text[i]) != whatch(text[i + 1]):
63        list.append(morph)
64        morph = ""
65    list.append(morph + text[-1])
66  # make2gram()関数の終わり
67
68  # メイン実行部
69  # ファイルオープンと読み込み
70  f = open("text.txt",'r')
71  inputtext = f.read()
72  f.close()
73  inputtext = inputtext.replace('¥n', '')        # 改行の削除
74
75  # 会話しましょう
76  print("さくら：メッセージをどうぞ")
77  try:
78    while True :  # 会話しましょう
79      # 形態素の2-gramデータの生成
80      listdata = []
81      make2gram(inputtext, listdata)
82      # ユーザからの入力
```

◆図 6.8　ai6.py プログラムのソースリスト（その 2）

```
83      inputline = input("あなた：")
84      inputlist = []
85      make2gram(inputline, inputlist)
86      # 開始形態素の決定
87      startch = inputlist[random.randint(0,len(inputlist) - 1)]
88      if not (startch in listdata):  # 開始形態素が存在しない
89        startch = listdata[random.randint(0,len(listdata) - 1)]
90      # メッセージの作成
91      print("さくら: ", end = '')
92      generates(startch, listdata)
93      # 入力が句点で終わっていなければ追加する
94      if not re.match('[。.]', inputline[-1] ):
95        inputline = inputline + '。'
96      # 生成データinputtextの更新
97      inputtext = inputtext + inputline
98  except EOFError:
99    print("さくら：ばいば〜い")
100   # ファイル書き込み処理
101   f = open("text.txt",'w')
102   f.write(inputtext)
103   f.close()
104
105 # ai6.pyの終わり
```

◆図 6.8　ai6.py プログラムのソースリスト（その 3）

　ai6.py プログラムの処理の概略を説明します。68 行目から始まるメイ
ン実行部では、はじめにテキストファイル text.txt を読み込んで、変数
inputtext に保存します（69 〜 73 行目）。次に、78 行目からの while 文に
より、入力終了まで下記の処理を繰り返します。

　まず、79 〜 81 行目において、変数 inputtext に格納されたテキストデー
タから形態素の 2-gram である listdata を生成します。この処理には、下請
け関数として make2gram() 関数を利用します。

　次に利用者からの入力を受け取り、変数 inputline に格納します（83 行
目）。そして入力された inputline の文字列を、make2gram() 関数を用いて
形態素 inputlist に分解します（85 行目）。次は返答文の生成です。87 〜 89
行目では、inputlist から適当な形態素を選んで、92 行目の generates()
関数の呼び出しによって返答文を生成します。

　以上の返答文の生成が終わったら、入力が句点で終わっていなければ句点を追加したうえで（94、95 行目）、変数 inputtext の最後部に、利用者からの入力である変数 inputline を追加します（97 行目）。

　入力が終わったら、99 行目で終了メッセージを出力するとともに、変数 inputtext をファイル text.txt に書き込みます（101 〜 103 行目）。

　ai6.py では、いくつかの下請け関数を利用します。このうち、字種の判定をする whatch() 関数と、2-gram を生成する make2gram() 関数は、ai3.py プログラムなどで利用したものと同じです。また 18 行目からの generates() 関数も、ai3.py プログラムなどで利用したものとほぼ同様です。

　ai6.py プログラムの説明の最後に、暗記的な学習と人工無脳との関係について一つ指摘しておきたいと思います。**図 6.9** の実行例は、図 6.4 と同様の初期条件で、人間の利用者が人工無脳に対して意図的におかしな入力を与えた場合の例です。この例では、利用者は会話の発展をまったく望まず、文脈上無意味な入力を繰り返しています。ai6.py プログラムはこれらの入力を解析して無条件に暗記していきます。結果として ai6.py プログラムの出力は、先の場合と異なり、まったく無意味な応答文となっています。

```
C:\Users\odaka>python ai6.py
さくら：メッセージをどうぞ
あなた：竹やぶ焼けた
さくら： 人工知能です。
あなた：隣の客はよく柿食う客だ
さくら： 目指すのは人工人格です。
あなた：咲いた咲いた桜が咲いた
さくら： 目指すのは人工人格です。
あなた：しろしろ来い来いしろ止まれ
さくら： 竹やぶ焼けた。
あなた：蛙ぴょこぴょこ三ぴょこぴょこ
さくら： う客はよく柿食う客だ。
あなた：隣は何をする人ぞ
さくら： は人工知能です。
あなた：竹やぶ焼けた
さくら： 焼けた。
あなた：　　　　　　　　・
```

◆図 6.9　人間の利用者が会話の発展を望まない場合の ai6.py プログラムの挙動

このように、人工無脳のように自由な会話を行う会話応答システムでは、暗記的学習によって知識構造が破壊されてしまう場合があります。図 6.9 は、まるで人工無脳の人格が崩壊してしまったように見えます。逆に、図 6.5 の例が対話らしく見えるのは、人間の利用者が対話をリードしているからであるともいえます。この議論は実は対話に関する本質的な性質を示していると考えられます。この点は、最終章で改めて取り上げます。

6.2　帰納的学習と強化学習

6.2.1　帰納的学習

帰納的学習は、与えられた複数の実例から共通点を見つけ出し、一般的な知識を抽出する学習方法です。

たとえば、対話において次のような場面があったとしましょう。

> 話者 A：昨日、うなぎを食べました。
> 話者 B：うなぎはお好きですか？
> 話者 A：はい、うなぎは大好きです。まぐろの刺身も好きですよ。

ここで話者 B が、「うなぎは魚である」ことと「まぐろは魚である」ことを知っていたとしましょう。すると話者 B は「話者 A は魚が好物である」ことを推論することができます。このように、与えられた実例から共通点を見つけ出して、実例を説明できる一般的な知識を得る学習を帰納的学習と呼びます。

帰納的学習は人間によって実例が与えられるので、教師あり学習の一種です。しかし暗記的な学習と異なり、コンピュータプログラムが自分で規則を見つけようとしますから、実例に多少の矛盾があっても大丈夫です。というよりも、帰納的学習にとっては実例の矛盾を乗り越える方法自体が、学習実現のための一つのポイントとなっているというべきでしょう。

人工無脳のような会話システムにとって、帰納的学習は文法推論の観点から重要です。人間の幼児は、文法書を読んで文法を勉強するわけでもないのに、

親やほかの子供の話す言葉を聞くだけで、ちゃんと言葉を覚えます。この意味では、人間は自然言語を帰納的に学習しているのです。ところが、コンピュータプログラムにとっては、文法の帰納的学習、すなわち文法推論の問題は困難な問題です。特に、人間の子供が育つ環境のように文法的に正しい文ばかりを与えられたときに、正しい文と正しくない文を区別して学習することはとても難しい問題です。

6.2.2　強化学習

　強化学習は、環境と人工知能プログラムが相互作用するなかで、環境から受ける点数（報酬と呼びます）が大きくなるようにプログラムが変化していく学習方法です

　強化学習の基本的な考え方は極めて単純です。今、環境のなかで、エージェントと呼ばれる行動主体が、ある環境のなかで行動を繰り返すとします。エージェントが行動ルールに基づいて環境に働きかけると、その結果に対して環境が報酬をくれます。エージェントは報酬に基づいて、行動ルールを調整します。これを繰り返すことにより、行動ルールを洗練させます。学習方法が単純なので実現が容易です。また単純ゆえに頑強であり、多少不正確なデータを与えても直ちに学習結果が壊れてしまうことはありません。

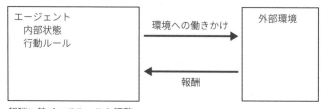

◆図 6.10　強化学習の考え方

　環境が与える報酬は、いつでも与えられるわけではありません。また、報酬の与えられ方が確率的で、きちんと決まった値にならない場合もあります。こうした場合でも、強化学習では学習を進めることが可能です。

　具体的にどのように学習を進めさせるかによって、強化学習にはさまざまな

学習方法が提案されています。Q 学習（Q learning）はその代表例です。Q 学習では、ある局面における行動の価値である Q 値を、行動と報酬受け取りの繰り返しにより更新することで学習を進めます。

　Q 学習による強化学習は次のように行います。ある状態 s において、行動ルール a を選択したとき、環境が報酬 r をエージェントに与えたとします。ここで、状態 s でルール a を選択したことによる行動の価値を、$Q(s, a)$ と表します。Q 学習の目的は $Q(s, a)$ の正しい値を繰り返しにより求めることにあります。繰り返しの更新は、次の式によって行います。

$$Q(s, a) \leftarrow (1 - \alpha) Q(s, a) + \alpha(r + \gamma \max Q(s', a'))$$
$$\text{ただし、} 0 \leqq \alpha \leqq 1, 0 \leqq \gamma \leqq 1$$

　ここで、α を学習率、γ を割引率と呼びます。また $\max Q(s', a')$ は、選択した行動に対応した次の状態 s' における、価値の最大値を意味します。次の状態の価値を使って前の状態の価値を更新することで、望ましい結果に向けて連鎖的に行われる一連の行動の価値を芋づる式に更新するのです。

　Q 学習において、学習率 α は学習の度合いを表します。0 ならば、まったく学習しません。1 ならば、過去の状態にかかわらずに内部状態をどんどん更新します。α は環境への適応の程度を表す数値です。また割引率 γ は、後の状態と今の状態のどちらを重視するかを決める値です。一般に、γ は 1 に近い値が用いられます

　Q 学習を用いると、エージェントが行動を進めることで少しずつ確実に環境に適応していくことができます。学習が確実にできる保証はありませんし、学習の速度はごくゆっくりとしたものになるのが普通です。しかし、簡単な枠組みで、ノイズに影響されにくい頑強なシステムを作ることができるので、実際の制御システムの構築などに広く応用されています。

6.3 ニューラルネットワーク

6.3.1 ニューラルネットワークとは

「ニューラルネットワーク（Neural Network）」は、神経回路網という意味です。本来は、生物の持つ神経系において、神経細胞同士が結合して作り上げる回路を意味します。しかし人工知能やその関連分野では、生物の持つ神経細胞の特徴の一部をモデル化して計算アルゴリズムとして用いる、人工ニューラルネットワークのことを単にニューラルネットワークあるいはニューラルネットと呼びます。

ニューラルネットワークでは、神経細胞をある種の計算素子としてモデル化します。（人工）ニューラルネットワークにおける神経細胞は、入力信号の合計値を計算し適当な関数を通した結果を出力するという計算素子です（**図6.11**）。一般に神経細胞は複数の入力を持ち、出力は一つです。

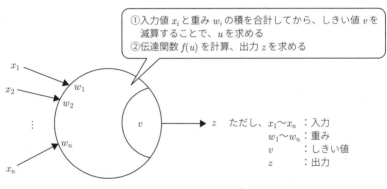

①入力値 x_i と重み w_i の積を合計してから、しきい値 v を減算することで、u を求める
②伝達関数 $f(u)$ を計算、出力 z を求める

ただし、$x_1 \sim x_n$ ：入力
$w_1 \sim w_n$ ：重み
v ：しきい値
z ：出力

◆**図6.11 （人工）ニューラルネットワークにおける神経細胞のモデル**

ニューラルネットワークは、神経細胞を互いに結合して構成します。結合する際、前段の神経細胞の出力値を後段の神経細胞の入力として与え、それぞれの入力ごとにある値を掛け算してから合計します。この値を結合加重あるいは重み（weight）と呼びます。図6.11では w_i で表してあります。重みの値は、結合ごとに決定します。次に、合計値からしきい値と呼ばれる値 v を減算しま

す。こうして u を計算し、さらに u を伝達関数と呼ばれる関数 f に与えることで、出力 z を計算します。

　伝達関数 $f(\ )$ には、さまざまな関数が用いられます。たとえば、ステップ関数と呼ばれる関数を用いることがあります。ステップ関数は、入力が 0 以上であれば 1 を返し、0 未満であれば 0 を返す関数です（**図 6.12**）。

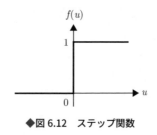

◆図 6.12　ステップ関数

　伝統的によく用いられる伝達関数に、シグモイド関数があります。シグモイド関数のグラフを**図 6.13** に示します。シグモイド関数は、図に示すような、なめらかな関数です。

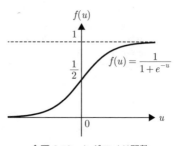

◆図 6.13　シグモイド関数

　近年よく用いられる伝達関数に、ランプ関数（ReLU）があります。ランプ関数は、入力が 0 以上であれば入力値をそのまま出力し、0 未満であれば 0 を返す関数です。ランプ関数を**図 6.14** に示します。

　ニューラルネットワークは、図 6.11 の神経細胞を複数組み合わせたネットワークです。ニューラルネットワークの構成例を**図 6.15** に示します。人間の神経細胞は大脳だけでも数百億個もあるといわれていますが、図 6.15 ではたった 3 個の神経細胞のみを使っています。

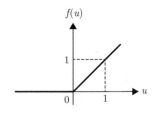

◆図 6.14　ランプ関数

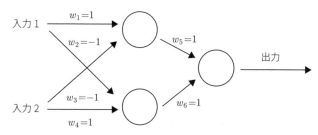

◆図 6.15　ごく単純なニューラルネットワークの例

　図 6.15 のニューラルネットワークで、しきい値をすべて 0.5 とし、伝達関数にステップ関数を用いると、**表 6.2** のように機能します。表 6.2 にあるように、図 6.15 のニューラルネットワークに $(0, 0)$ または $(1, 1)$ を入力すると出力は 0 となり、$(0, 1)$ または $(1, 0)$ を入力すると出力は 1 となります。これは、論理素子の一種である「排他的論理和（EOR）」と呼ばれる素子と同じ機能です。排他的論理和（EOR）は、二つの入力の値が一致したら 0 を出力し、不一致ならば 1 を出力する論理素子です。

◆表 6.2　図 6.15 のニューラルネットワークの入出力関係

入力 1 の値	入力 2 の値	出力の値
0	0	0
0	1	1
1	0	1
1	1	0

　図 6.15 のニューラルネットワークでは、$w_1 \sim w_6$ の重みを変更すれば、排他的論理和（EOR）に限らず他の論理素子を実現することも可能です。
　ニューラルネットワークにおける神経細胞の接続方法にはさまざまな形式が

あります。図 6.15 のように入力から出力へ一方向に信号が流れる階層型のネットワークに対して、出力から入力への戻り値があるフィードバック型のニューラルネットワークや、互いに相互結合するネットワークも構成可能です。また、値が確率的に決定されるネットワークもあります。

　ニューラルネットワークは神経細胞同士の結合加重を変化させることでその機能を学習します。学習のアルゴリズムにはさまざまなものがありますが、階層型のネットワークで用いられるバックプロパゲーション（backpropagation、誤差逆伝播法、BP と略記されることもある）はその代表例です。バックプロパゲーションによる学習に基づくニューラルネットワークは、工学分野で広く応用されています。

　以下では、ニューラルネットワークの計算をしたり、ニューラルネットワークの学習を行う Python のプログラムを示します。

6.3.2　神経細胞の計算

　まず、一つの神経細胞の計算を行うプログラムを考えます。最初は、論理積（AND）の計算をする and.py プログラムを考えましょう。and.py プログラムは、図 6.11 に示した計算をそのままプログラム化した簡単なプログラムです。

　図 6.16 に、and.py プログラムのソースリストを示します。また、**図 6.17** に and.py プログラムの実行例を示します。

```
1  # -*- coding: utf-8 -*-
2  """
3  and.pyプログラム
4  単体の人工神経細胞の計算
5  論理積（AND）と同等の計算をする神経細胞です
6  使い方  c:¥>python and.py
7  """
8  # モジュールのインポート
9  import math
10
```

◆図 6.16　and.py プログラムのソースリスト（その 1）

```
11  # グローバル変数
12  INPUTNO = 2          # 入力数
13
14  # 下請け関数の定義
15  # forward()関数
16  def forward(w,e):
17      """順方向の計算"""
18      # 計算の本体
19      u = 0.0
20      for i in range(INPUTNO):
21          u += e[i] * w[i]
22      u -= w[INPUTNO] # しきい値の処理
23      # 出力値の計算
24      o = f(u)
25      return o
26  # forward()関数の終わり
27
28  # f()関数
29  def f(u):
30      """伝達関数"""
31      # ステップ関数の計算
32      if u >= 0:
33          return 1.0
34      else:
35          return 0.0
36  # f()関数の終わり
37
38  # メイン実行部
39  w = [1.0,1.0,1.5]          # 重みとしきい値(論理積の計算)
40  e = [0.0 for i in range(INPUTNO)] # 入力データ
41  # 計算の本体
42  try:
43      while True:
44          e[0]  = float(input("x1:"))
45          e[1]  = float(input("x2:"))
46          print(e,"->",forward(w,e))
47  except EOFError:
48      print("計算を終わります")
49
50  # and.pyの終わり
```

◆図 6.16　and.py プログラムのソースリスト（その 2）

```
C:¥Users¥odaka>python and.py
x1:0
x2:0
[0.0, 0.0] -> 0.0
x1:0
x2:1
[0.0, 1.0] -> 0.0
x1:1
x2:0
[1.0, 0.0] -> 0.0
x1:1
x2:1
[1.0, 1.0] -> 1.0
x1:^Z
計算を終わります

C:¥Users¥odaka>
```

◆図 6.17　and.py プログラムの実行例

　and.py プログラムでは、利用者から二つの数値を受け取り、図 6.11 に示した計算手順に従って神経細胞の出力値を計算します。このとき用いる結合荷重は、39 行目でリストとして定義しています。また伝達関数として用いているステップ関数の計算は、下請け関数である f() 関数が担当しています。

　図 6.17 の and.py プログラムの実行例を見ると、入力として (1, 1) を与えると出力が 1 となり、(0, 0) や (0, 1) あるいは (1, 0) では出力が 0 となっています。これは、はじめに意図したとおり、論理素子のうちの論理積（AND）、すなわち入力が両方とも 1 の場合のみ 1 を出力する論理素子と同じ働きです。

　and.py プログラムの内部では、38 行目からのメイン実行部において、まず結合荷重としきい値を与えるリスト w と、入力データを格納するリスト e を定義しています。その後、42 行目からの入力の繰り返しによって、二つの入力 x1 と x2 をキーボードから読み込み、対応する出力値を forward() 関数を用いて計算して、出力します。

　15 行目からの forward() 関数では、入力値に結合荷重を掛け合わせて変数 u に積算し、その結果からしきい値を引いています。その後に、24 行目の f() 関数の呼び出しにより、出力値を求めます。

　forward() 関数から呼び出される f() 関数は、伝達関数としてステップ関数の計算を行います。f() 関数の内部は if 文で構成されており、0 以上の入力に対しては 1 を返し、0 未満の入力に対しては 0 を返します。

　and.py プログラムの結合荷重を変更することで、さまざまな計算を行わせることができます。たとえば、論理和（OR）の計算をするように変更したプログラムである or.py を図 6.18 に示します。論理和（OR）は、どちらかあるいは両方の入力が 1 のときに出力値が 1 となる論理素子です。図 6.19 にor.py プログラムの実行例を示します。

```
 1  # -*- coding: utf-8 -*-
 2  """
 3  or.pyプログラム
 4  単体の人工神経細胞の計算
 5  論理和（OR）と同等の計算をする神経細胞です
 6  使い方  c:¥>python or.py
 7  """
 8  # モジュールのインポート
 9  import math
10
11  # グローバル変数
12  INPUTNO = 2          # 入力数
13
14  # 下請け関数の定義
15  # forward()関数
16  def forward(w,e):
17      """順方向の計算"""
18      # 計算の本体
19      u = 0.0
20      for i in range(INPUTNO):
21          u += e[i] * w[i]
22      u -= w[INPUTNO] # しきい値の処理
23      # 出力値の計算
24      o = f(u)
25      return o
26  # forward()関数の終わり
27
28  # f()関数
29  def f(u):
```

◆図 6.18　or.py プログラムのソースリスト（その 1）

```
30      """伝達関数"""
31      #ステップ関数の計算
32      if u >= 0:
33          return 1.0
34      else:
35          return 0.0
36  # f()関数の終わり
37
38  # メイン実行部
39  w = [1.0,1.0,0.5]          # 重みとしきい値(論理和の計算)
40  e = [0.0 for i in range(INPUTNO)] # 入力データ
41  # 計算の本体
42  try:
43      while True:
44          e[0]  = float(input("x1:"))
45          e[1]  = float(input("x2:"))
46          print(e,"->",forward(w,e))
47  except EOFError:
48      print("計算を終わります")
49
50  # or.pyの終わり
```

◆図 6.18　or.py プログラムのソースリスト（その 2）

```
C:¥Users¥odaka>python or.py
x1:0
x2:0
[0.0, 0.0] -> 0.0
x1:0
x2:1
[0.0, 1.0] -> 1.0
x1:1
x2:0
[1.0, 0.0] -> 1.0
x1:1
x2:1
[1.0, 1.0] -> 1.0
x1:^Z
計算を終わります

C:¥Users¥odaka>
```

◆図 6.19　or.py プログラムの実行例

and.py プログラムと or.py プログラムの相違点は、重みとしきい値を設定している 39 行目のみです。

```
39  w = [1.0,1.0,0.5]          # 重みとしきい値(論理和の計算)
```

このように、結合荷重を変更することで、神経細胞の働きを変更することが可能です。

6.3.3 ニューラルネットワークの計算

ここまで示したように、単体の神経細胞だけでも、論理和や論理積のようなさまざまな計算を実現することが可能です。しかしさらに複雑な計算、たとえば排他的論理和のような計算は、単体の神経細胞では実現することができません。このような、より複雑な計算を行うためには、複数の神経細胞を組み合わせたニューラルネットワークが必要になります。

そこでここでは、図 6.15 に示した三つの神経細胞からなるニューラルネットワークを計算するプログラム nnet.py を示します。**図 6.20** に、nnet.py プログラムのソースリストを示します。また、**図 6.21** に nnet.py プログラムの実行例を示します。

```
1   # -*- coding: utf-8 -*-
2   """
3   nnet.pyプログラム
4   単純なニューラルネットワークの計算
5   三つの神経細胞からなるニューラルネットワークです
6   使い方  c:\>python nnet.py
7   """
8   # モジュールのインポート
9   import math
10
11  # グローバル変数
12  INPUTNO = 2          # 入力数
13  HIDDENNO = 2         # 中間層の神経細胞の数
14
15  # 下請け関数の定義
16  # forward()関数
```

◆図 6.20　nnet.py プログラムのソースリスト（その 1）

```
17  def forward(wh,wo,hi,e):
18      """順方向の計算"""
19      # hiの計算
20      for i in range(HIDDENNO):
21          u = 0.0
22          for j in range(INPUTNO):
23              u += e[j] * wh[i][j]
24          u -= wh[i][INPUTNO] # しきい値の処理
25          hi[i] = f(u)
26      # 出力oの計算
27      o=0.0
28      for i in range(HIDDENNO):
29          o += hi[i] * wo[i]
30      o -= wo[HIDDENNO] # しきい値の処理
31      return f(o)
32  # forward()関数の終わり
33
34  # f()関数
35  def f(u):
36      """伝達関数"""
37      # ステップ関数の計算
38      if u >= 0:
39          return 1.0
40      else:
41          return 0.0
42  # f()関数の終わり
43
44  # メイン実行部
45  wh = [[1,-1,0.5],[-1,1,0.5]]           # 中間層の結合荷重
46  wo = [1,1,0.5]                         # 出力層の結合荷重
47  hi = [0 for i in range(HIDDENNO + 1)]  # 中間層の出力
48  e = [0.0 for i in range(INPUTNO)]      # 入力データ
49
50  # 計算の本体
51  try:
52      while True:
53          e[0]  = float(input("x1:"))
54          e[1]  = float(input("x2:"))
55          print(e,"->",forward(wh,wo,hi,e))
56  except EOFError:
57      print("計算を終わります")
58
59  # nnet.pyの終わり
```

◆図 6.20　nnet.py プログラムのソースリスト（その 2）

```
C:\Users\odaka>python nnet.py
x1:0
x2:0
[0.0, 0.0] -> 0.0
x1:0
x2:1
[0.0, 1.0] -> 1.0
x1:1
x2:0
[1.0, 0.0] -> 1.0
x1:1
x2:1
[1.0, 1.0] -> 0.0
x1:^Z
計算を終わります

C:\Users\odaka>
```

◆図 6.21　nnet.py プログラムの実行例

　図 6.21 の実行例にあるように、nnet.py プログラムでは排他的論理和の計算を実現しています。先に示した or.py プログラムの実行例と異なるのは、入力 (1, 1) に対してネットワークの出力が 0 となっている点です。この結果から、nnet.py プログラムでは排他的論理和の計算を実現していることが確認できます。

　nnet.py プログラムの内部構造を説明しましょう。44 行目から始まるメイン実行部では、中間層の二つの神経細胞と、出力層の一つの神経細胞の結合荷重と重みを設定するとともに、中間層の出力を保持するリスト hi と、入力データを保持するリスト e を定義します。50 行目からの計算の本体では、二つの入力値を読み込んで、forward() 関数を用いて出力値を繰り返し計算します。

　16 行目からの forward() 関数は、and.py プログラムや or.py プログラムで用いた forward() 関数を拡張して、中間層と出力層の計算をそれぞれ行うようになっています。中間層の二つの神経細胞の計算が 19 ～ 25 行目で行われ、その後 26 ～ 31 行目で出力層の計算を行います。

　34 行目からの伝達関数 f() の計算は、これまでの and.py プログラムや

or.py プログラムと同様です。

6.3.4　ニューラルネットワークの学習

　ここまでの例では、ニューラルネットワークの計算に用いる結合荷重としきい値は、天下り式にプログラムに与えられたものを利用していました。ここでは、ニューラルネットワークの結合荷重としきい値を、バックプロパゲーション（誤差逆伝播法）による学習アルゴリズムを用いて獲得する方法を示します。

　ニューラルネットの学習とは、与えられた入力値に対して決められた内容の出力値が得られるように、結合荷重としきい値を決定する手続きのことをいいます。バックプロパゲーションは、代表的なニューラルネットの学習アルゴリズムです。

　バックプロパゲーションによる学習手続きの概要を説明します。まず、学習データセットの具体的な例を一つ選択します。続いてこの例に対するネットワークの出力値を計算します。この計算を順方向の計算と呼びます（**図 6.22**）。

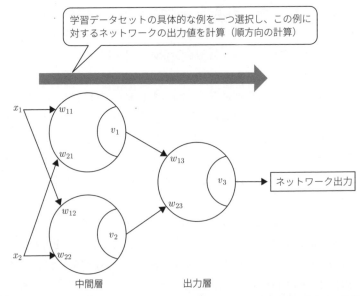

◆図 6.22　バックプロパゲーションによる学習手続きの概要（1）　順方向の計算

　学習完了前のニューラルネットワークでは、こうして計算した出力値には必ず誤差が含まれます。そこで、与えられた正解のデータと、ネットワークの出力データとを比較して、両者の差として誤差を求めます（**図 6.23**）。

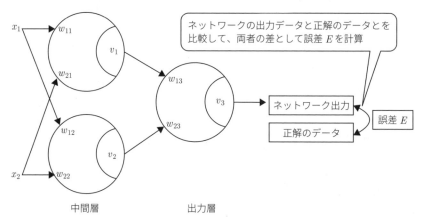

◆図 6.23　バックプロパゲーションによる学習手続きの概要（2）　誤差の計算

　誤差が求まったら、誤差を小さくするように、ネットワークを構成する神経細胞の結合荷重としきい値を調整します。調整にあたっては、最初に出力層の神経細胞の結合荷重としきい値を調整します。次に、中間層の神経細胞の結合荷重としきい値を調整します。この際、ネットワーク出力に現れた誤差を、結合荷重の値に従って中間層の神経細胞に分配します。そして、分配された誤差値に従って、中間層の神経細胞の結合荷重としきい値を調整します。これは、ネットワークの出力側に生じた誤差は、前段の神経細胞との結合荷重の大きさに従ってその原因となっていることに由来します。このように、後段の神経細胞の出力誤差が前段にさかのぼって伝えられることになるので、このアルゴリズムをバックプロパゲーションと呼ぶのです（**図 6.24**）。

　以上の手続きを、学習データセットに含まれる学習データに対して繰り返し適用します。すると、学習データセット全体で誤差が小さくなるように、結合荷重としきい値が調整されていきます。誤差の値があらかじめ設定した値を下回ったら、学習を終了します。

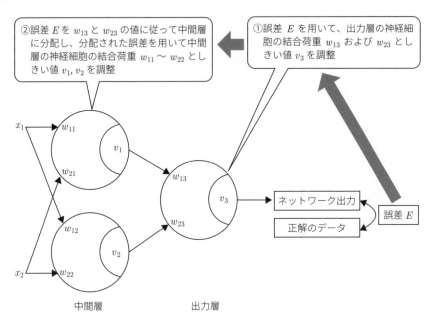

②誤差 E を w_{13} と w_{23} の値に従って中間層に分配し、分配された誤差を用いて中間層の神経細胞の結合荷重 w_{11} ～ w_{22} としきい値 v_1, v_2 を調整

①誤差 E を用いて、出力層の神経細胞の結合荷重 w_{13} および w_{23} としきい値 v_3 を調整

ネットワーク出力

正解のデータ

誤差 E

中間層　　　　　　　　出力層

◆図 6.24　バックプロパゲーションによる学習手続きの概要（3）　結合荷重としきい値の修正

　バックプロパゲーションに基づく学習アルゴリズムを利用したニューラルネットワークの学習プログラム backprop.py を図 6.25 に示します。また backprop.py プログラムの実行例を図 6.26 に示します。

```
1   # -*- coding: utf-8 -*-
2   """
3   backprop.pyプログラム
4   バックプロパゲーションによるニューラルネットワークの学習
5   誤差の推移や、学習結果となる結合荷重などを出力します
6   使い方  c:¥>python backprop.py < data.txt
7   """
8   # モジュールのインポート
9   import math
10  import sys
11  import random
12
13  # グローバル変数
```

◆図 6.25　backprop.py プログラムのソースリスト（その 1）

```
14   INPUTNO = 2          # 入力層のセル数
15   HIDDENNO = 2         # 中間層のセル数
16   ALPHA = 3            # 学習係数
17   MAXINPUTNO = 100     # データの最大個数
18   BIGNUM = 100.0       # 誤差の初期値
19   ERRLIMIT = 0.001     # 誤差の上限値
20   SEED = 65535         # 乱数のシード
21
22   # 下請け関数の定義
23   # getdata()関数
24   def getdata(e):
25       """学習データの読み込み"""
26       n = 0    # データセットの個数
27       # データの入力
28       for line in sys.stdin :
29           e[n] = [float(num) for num in line.split()]
30           n += 1
31       return n
32   # getdata()関数の終わり
33
34   # forward()関数
35   def forward(wh,wo,hi,e):
36       """順方向の計算"""
37       # hiの計算
38       for i in range(HIDDENNO):
39           u = 0.0
40           for j in range(INPUTNO):
41               u += e[j] * wh[i][j]
42           u -= wh[i][INPUTNO] # しきい値の処理
43           hi[i] = f(u)
44       # 出力oの計算
45       o=0.0
46       for i in range(HIDDENNO):
47           o += hi[i] * wo[i]
48       o -= wo[HIDDENNO] # しきい値の処理
49       return f(o)
50   # forward()関数の終わり
51
52   # f()関数
53   def f(u):
54       """伝達関数"""
```

◆図 6.25　backprop.py プログラムのソースリスト（その 2）

177

```python
55      # シグモイド関数の計算
56      return 1.0/(1.0 + math.exp(-u))
57  # f()関数の終わり
58
59  # olearn()関数
60  def olearn(wo,hi,e,o):
61      """出力層の重み学習"""
62      # 誤差の計算
63      error = (e[INPUTNO] - o) * o * (1 - o)
64      # 重みの学習
65      for i in range(HIDDENNO):
66          wo[i] += ALPHA * hi[i] * error
67      # しきい値の学習
68      wo[HIDDENNO] += ALPHA * (-1.0) * error
69      return
70  # olearn()関数の終わり
71
72  # hlearn()関数
73  def hlearn(wh,wo,hi,e,o):
74      """中間層の重み学習"""
75      # 中間層の各セルjを対象
76      for j in range(HIDDENNO):
77          errorj = hi[j] * (1 - hi[j]) \
78                  * wo[j] * (e[INPUTNO] - o) * o * (1 - o)
79          # i番目の重みを処理
80          for i in range(INPUTNO):
81              wh[j][i] += ALPHA * e[i] * errorj
82          # しきい値の学習
83          wh[j][INPUTNO] += ALPHA * (-1.0) * errorj
84      return
85  # hlearn()関数の終わり
86
87  # メイン実行部
88  # 乱数の初期化
89  random.seed(SEED)
90
91  # 変数の準備
92  wh = [[random.uniform(-1,1) for i in range(INPUTNO + 1)]
93          for j in range(HIDDENNO)]         # 中間層の重み
94  wo = [random.uniform(-1,1)
95          for i in range(HIDDENNO + 1)]     # 出力層の重み
```

◆図 6.25　backprop.py プログラムのソースリスト（その 3）

```
 96  e = [[0.0 for i in range(INPUTNO + 1)]
 97        for j in range(MAXINPUTNO)]        # 学習データセット
 98  hi = [0 for i in range(HIDDENNO + 1)]    # 中間層の出力
 99  totalerr = BIGNUM                        # 誤差の評価
100
101  # 結合荷重の初期値の出力
102  print(wh,wo)
103
104  # 学習データの読み込み
105  n = getdata(e)
106  print("学習データの個数:",n)
107
108  # 学習
109  count = 0
110  while totalerr > ERRLIMIT :
111      totalerr = 0.0
112      for j in range(n):
113          # 順方向の計算
114          output = forward(wh,wo,hi,e[j])
115          # 出力層の重みの調整
116          olearn(wo,hi,e[j],output)
117          # 中間層の重みの調整
118          hlearn(wh,wo,hi,e[j],output)
119          # 誤差の積算
120          totalerr +=
              (output - e[j][INPUTNO]) * (output - e[j][INPUTNO])
121      count += 1
122      # 誤差の出力
123      print(count," ",totalerr)
124  # 結合荷重の出力
125  print(wh,wo)
126
127  # 学習データに対する出力
128  for i in range(n):
129      print(i,":",e[i],"->",forward(wh,wo,hi,e[i]))
130
131  # backprop.pyの終わり
```

◆図6.25　backprop.py プログラムのソースリスト（その4）

```
C:¥Users¥odaka>type and.txt
0 0 0
0 1 0
1 0 0
1 1 1
```

論理積（AND）の学習データ

```
C:¥Users¥odaka>python backprop.py < and.txt
[[-0.925906767990863, 0.688672770156115, -0.11911403043792945], [-0
.7491565189152196, 0.8469865864702797, -0.16326242750044173]] [-0.7
761904998208176, -0.365953145559027, -0.0959230259709527]
学習データの個数: 4
1   0.9381922968775811
2   0.8802296101168177
3   0.8578310952150067
4   0.8446872286548786
5   0.8347411852929666
6   0.826040995708378
7   0.8178094814855416
（以下出力が続く）
176   0.010115583704402546
177   0.010026774917568725
178   0.009939406896153411
[[-3.390382135909062, -3.71526281984371, -4.792330695169189], [-2.1
186668433731417, -1.0689753548440382, -1.1884665608019678]] [-7.204
395709975897, -2.275112433183082, -3.4440583655369763]
0 : [0.0, 0.0, 0.0] -> 0.00429979078330089
1 : [0.0, 1.0, 0.0] -> 0.041669682633851214
2 : [1.0, 0.0, 0.0] -> 0.048291132161712345
3 : [1.0, 1.0, 1.0] -> 0.925812529697866
```

学習の繰り返し

178回の繰り返しで、学習を終了

学習結果
（結合荷重としきい値）

学習データに対する
ネットワークの出力

```
C:¥Users¥odaka>type eor.txt
0 0 0
0 1 1
1 0 1
1 1 1
```

論理和（OR）の学習データ

```
C:¥Users¥odaka>python backprop.py < or.txt
[[-0.925906767990863, 0.688672770156115, -0.11911403043792945], [-0
.7491565189152196, 0.8469865864702797, -0.16326242750044173]] [-0.7
761904998208176, -0.365953145559027, -0.0959230259709527]
```

◆図 6.26　backprop.py プログラムの実行例（その 1）

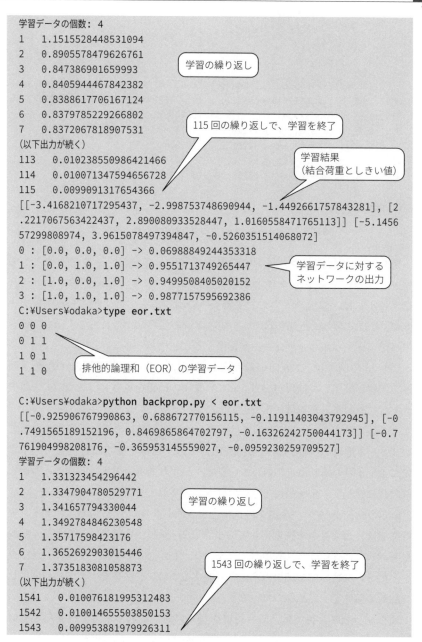

```
学習データの個数: 4
1    1.1515528448531094
2    0.8905578479626761
3    0.847386901659993
4    0.8405944467842382
5    0.8388617706167124
6    0.8379785229266802
7    0.8372067818907531
（以下出力が続く）
113    0.010238550986421466
114    0.010071347594656728
115    0.0099091317654366
[[-3.4168210717295437, -2.998753748690944, -1.4492661757843281], [2
.2217067563422437, 2.890080933528447, 1.0160558471765113]] [-5.1456
57299808974, 3.9615078497394847, -0.5260351514068072]
0 : [0.0, 0.0, 0.0] -> 0.06988849244353318
1 : [0.0, 1.0, 1.0] -> 0.9551713749265447
2 : [1.0, 0.0, 1.0] -> 0.9499508405020152
3 : [1.0, 1.0, 1.0] -> 0.9877157595692386
C:\Users\odaka>type eor.txt
0 0 0
0 1 1
1 0 1
1 1 0

C:\Users\odaka>python backprop.py < eor.txt
[[-0.925906767990863, 0.688672770156115, -0.11911403043792945], [-0
.7491565189152196, 0.8469865864702797, -0.16326242750044173]] [-0.7
761904998208176, -0.365953145559027, -0.0959230259709527]
学習データの個数: 4
1    1.331323454296442
2    1.3347904780529771
3    1.341657794330044
4    1.3492784846230548
5    1.35717598423176
6    1.3652692903015446
7    1.3735183081058873
（以下出力が続く）
1541    0.0100761819953124831543
1542    0.0100146555035850153
1543    0.0099538819799263111
```

学習の繰り返し

115 回の繰り返しで、学習を終了

学習結果
（結合荷重としきい値）

学習データに対する
ネットワークの出力

排他的論理和（EOR）の学習データ

学習の繰り返し

1543 回の繰り返しで、学習を終了

◆図 6.26　backprop.py プログラムの実行例（その 2）

学習結果
（結合荷重としきい値）

```
[[-7.2689627732565825, 8.57063486575166, -4.09570685353253], [-4.38
241722407701, 4.181161560084371, 2.1696266997437186]] [-7.014729535
913911, 7.582785337392424, -3.223171554609714]
0 : [0.0, 0.0, 0.0] -> 0.05218349497397475
1 : [0.0, 1.0, 1.0] -> 0.9476732703615582
2 : [1.0, 0.0, 1.0] -> 0.9503623549253707
3 : [1.0, 1.0, 0.0] -> 0.042606300097902364

C:\Users\odaka>
```

学習データに対する
ネットワークの出力

◆図 6.26　backprop.py プログラムの実行例（その 3）

　図 6.26 の実行例では、最初に論理積（AND）の学習データを対象として
バックプロパゲーションによる学習を行っています。学習データ and.txt
ファイルには、二つの入力に対する一つの出力値を 1 行に記述した学習デー
タが、4 行に渡って記述されています。学習の目標は、これらの入出力関係を
すべてニューラルネットワークが獲得することにあります。

　図 6.26 の例では、178 回の繰り返しの後に、誤差が目標値の 0.01 を下回
り、学習が終了して結果が出力されています。結果を見ると、四つの入力値そ
れぞれに対して、正解値に十分近い値が出力されています。

　次の論理和（OR）の学習例では、115 回の繰り返しの後に学習が収束して
います。3 番目の排他的論理和（EOR）では、目標とする誤差値を下回るま
でに 1,543 回の繰り返しを要しています。いずれの場合でも、四つの入力値そ
れぞれに対して、正解値に十分近い値が出力されています。

　backprop.py プログラムの内部構造を説明します。87 行目からのメイン実
行部では、まず乱数を初期化しています（89 行目）。本書ではここまで、乱数
を明示的に初期化せずに利用してきました。しかしここでは、学習パラメータ
を変更した場合の学習結果の変化を観察するために、乱数を明示的に初期化し
て乱数の条件を一定に保っています。

　続く 91 ～ 99 行目では、結合荷重やしきい値、それに学習データなどを格
納する変数を準備しています。結合荷重 wh と wo は、乱数で初期化していま

す。その結果は、102 行目の結合荷重の初期値の出力によって確認できます。続いて 104 〜 106 行目では、学習データセットを読み込んでその個数を出力しています。

　バックプロパゲーションによる学習は、108 〜 123 行目の繰り返し処理により行います。110 行目の while 文の条件は、ネットワークの出力誤差が規定値 ERRLIMIT 以下になるまで学習を繰り返すことを意味します。112 行目の for 文によってすべての学習データに対して学習手続きを適用します。学習手続き自体は 113 〜 118 行目の forward() 関数、olearn() 関数、および hlearn() 関数の呼び出しにより行います。その後、120 行目で誤差を積算し、その値を出力します（123 行目）。

　ネットワークの出力誤差が規定値 ERRLIMIT 以下になって繰り返しが終了したら、結合荷重を出力するとともに、学習データに対するネットワークの出力値を計算して出力します（124 〜 129 行目）。

　backprop.py プログラムでは、いくつかの下請け関数を利用します。まず 23 行目からの getdata() 関数は、標準入力から学習データを読み込みます。34 行目からの forward() 関数は、nnet.py プログラムの場合と同様、ネットワークの順方向の計算を担当します。52 行目からの f() 関数は、伝達関数としてシグモイド関数を計算します。学習を担当するのは olearn() 関数および hlearn() 関数です。59 行目からの olearn() 関数は、出力層の一つの神経細胞の結合荷重を調整します。また、72 行目からの hlearn() 関数は、中間層の二つの神経細胞の結合荷重を調整します。

第 7 章

深層学習

　本章では、最初に深層学習（ディープラーニング）について、いくつか
の具体的な技術を通して説明します。具体的には、畳み込みニューラルネ
ットワークやリカレントニューラルネットワーク、LSTM、GAN などを取り
上げます。また、深層学習を自然言語処理へ応用する方法についても説明
します。次に、人工無脳プログラムを題材として、ニューラルネットワー
クの利用方法の実例を示します。

7.1　深層学習の技術

7.1.1　機械学習と深層学習

　これまで見てきたように、機械学習にはさまざまな技術が含まれます。ニューラルネットワークはその一例です。ニューラルネットワークにもさまざまな種類がありますが、深層学習（ディープラーニング）と呼ばれるニューラルネットワークの応用技術が近年特に注目されています（**図 7.1**）。

　深層学習は、大規模なニューラルネットワーク（ディープニューラルネットワーク）を用いて大量のデータを処理する、ニューラルネットワークの応用技術です。大規模なニューラルネットワークを用いれば複雑で大量のデータを処理できることは以前からわかっていました。しかし最近になるまで、それを支える高速で大容量のコンピュータがなく、また、ニューラルネットワークの技術も十分には進んでいなかったため、大規模なニューラルネットワークの応用技術は実現されていませんでした。

　近年、コンピュータのハードウェア技術の発展と、ニューラルネットワーク技術の向上により、ニューラルネットワークによる大量のデータ処理が可能になりました。また、インターネットや IoT の発展により、大量のデータが簡単に手

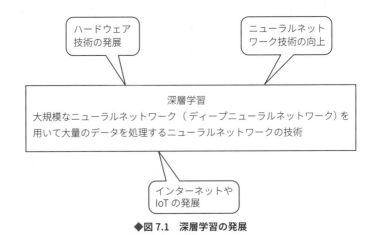

◆図 7.1　深層学習の発展

に入るようになりました。このようなことから、深層学習の技術が発展し、大規模なニューラルネットワークを使った大量データの処理が可能となりました。

深層学習は単独の技術ではなく、さまざまな技術の総称です。代表的な深層学習の例として、以下では、畳み込みニューラルネットワーク、リカレントニューラルネットワークと LSTM、それに GAN を取り上げて説明します。

7.1.2 畳み込みニューラルネットワーク

畳み込みニューラルネットワーク（Convolutional Neural Network、CNN）は、畳み込み演算と呼ばれる計算処理をニューラルネットワークと組み合わせた、特殊なニューラルネットワークです。畳み込みニューラルネットワークの構造を**図 7.2** に示します。

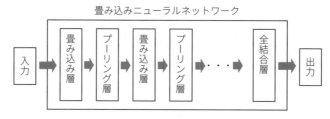

◆**図 7.2　畳み込みニューラルネットワークの構造**

図 7.2 に示すように、畳み込みニューラルネットワークは一種の階層型ニューラルネットワークです。畳み込みニューラルネットワークでは、畳み込み層とプーリング層を積み重ね、最後に全結合型のニューラルネットワークを配置します。この構造は、生物の視覚神経系の構造をまねたものです。このため、畳み込みニューラルネットワークは、基本的には、視覚神経系が処理対象とする 2 次元画像データを扱うのに向いています。

図 7.2 において、畳み込み層では、入力画像データに対して、入力画像のうちの小さな領域を選んで画像フィルターを繰り返し適用します。このとき、画像フィルターは入力画像全体にわたって適用します。この処理を畳み込み演算といいます。

図 7.2 のプーリング層では、入力画像を間引いて粗くすることで、画像をぼ

かします。この処理のためには、たとえば数点のピクセルのなかから代表となるピクセル値を選んで出力する操作を、画像全体に対して繰り返します。

　畳み込みニューラルネットワークでは、畳み込みとプーリングの処理を繰り返すことで、入力の 2 次元画像データの特徴を取り出します。最後に全結合型のニューラルネットワークにより、特徴に対応する情報を出力します。

　畳み込みニューラルネットワークは、当初、画像認識の世界において大きな成功を収めました。その後画像認識以外にもさまざまな分野のデータ処理に応用することで、その有用性が広く示されています。

7.1.3　リカレントニューラルネットワークと GAN

　ここまで紹介したニューラルネットワークは、入力から出力に向けて一方向に計算が済む階層型ニューラルネットワークの形式を持つものがほとんどでした。これに対してリカレントニューラルネットワーク（Recurrent Neural Network, RNN）は、出力側から入力側へと逆方向に信号が戻る経路を持つニューラルネットワークです。**図 7.3** にリカレントニューラルネットワークの例を示します。

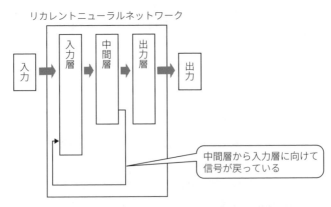

◆図 7.3　リカレントニューラルネットワークの例

　図 7.3 に示すリカレントニューラルネットワークでは、中間層から入力層に向けて信号が戻っています。こうすることで、過去に与えられたデータの情報

がリカレントニューラルネットワーク内部に記憶され、現在の入力とともに情報処理に活かされます。こうした特徴を持つため、リカレントニューラルネットワークは、音声信号などの時間的な変化を伴う情報の処理に向いています。深層学習においては、リカレントニューラルネットワークをさらに発展させたLSTM（Long Short-Term Memory）もよく用いられます。

　GAN（Generative Adversarial Networks、敵対的生成ネットワーク）は、2種類のネットワークを組み合わせて新たな情報を生成するネットワークです。**図7.4** に GAN の構成例を示します。図 7.4 で、生成ネットワークは画像などの情報を新たに作り出すためのネットワークです。また識別ネットワークは、与えられた情報が本物かどうかを判定するためのネットワークです。

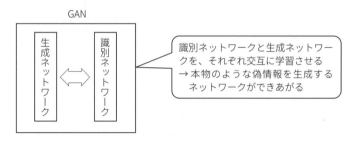

◆図 7.4　GAN の考え方

　GAN の学習方法を説明します。はじめに識別ネットワークに対して、本物の情報と生成ネットワークが作成した偽物の情報を与えます。このとき、識別ネットワークは、本物の情報と偽物の情報が区別できるように学習を進めます。

　ある程度学習が進んだら、次は生成ネットワークの学習を行います。生成ネットワークの学習においては、生成ネットワークによって生成された情報が、先に学習を進めた識別ネットワークで本物と識別されるように学習を進めます（**図7.5**）。つまり、生成ネットワークは、識別ネットワークをだませるような偽情報を作り出せるように学習を進めるのです。

　このようにして識別ネットワークと生成ネットワークの学習を交互に繰り返すことで、生成ネットワークの出力する偽情報は、より本物の情報に近づいていきます。最終的には、生成ネットワークの出力は、偽物とは思えない本物の

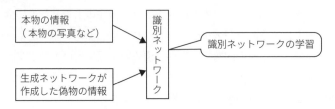

(1) 識別ネットワークに対して、本物の情報と生成ネットワークが作成した偽物の情報を
　　与え、区別できるように学習を進める

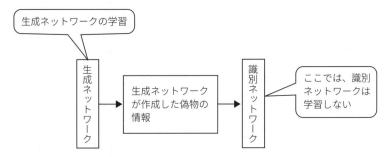

(2) 生成ネットワークによって生成された情報が、先に学習を進めた識別ネットワークで
　　本物と識別されるように学習を進める
(3) さらに、識別ネットワークの学習を進める
(4) さらに、生成ネットワークの学習を進める
(5) 以下、学習を繰り返す

◆図 7.5　GAN の学習方法

ような情報となっていきます。画像の生成に GAN を用いると、存在しないは
ずの風景や人物の写真を生成することができます。また動画の生成に用いるこ
とで、コンピュータグラフィックスとは思えないような本物そっくりの偽動画
を作成することが可能です。

7.1.4　自然言語処理への応用

　ニューラルネットワークを用いて自然言語処理を行うためには、自然言語で
記述された文を数値の表示に変換してニューラルネットワークに与える必要が
あります。このためにはいくつかの方法が考えられます。
　一つの方法は、one-hot ベクトルあるいは 1-of-N 表現と呼ばれる表現方法で

す（**図7.6**）。one-hot ベクトルを用いた表現方法では、文を構成する形態素一
つひとつをベクトルに変換します。形態素に対応するベクトルは、対象とする
形態素の種類数だけの次元を持ったベクトルです。one-hot ベクトルによって
ある形態素を表現するには、表現したい形態素に対応する要素の値だけを 1 と
し、残りを 0 とします。図 7.6 の例では、入力文「私は人工無脳です」を 4 種
類の形態素に分解し、それぞれに対応する 4 次元の one-hot ベクトルを作成し
ています。

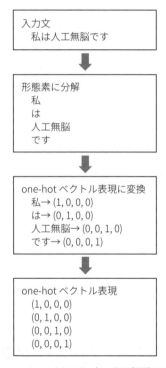

◆**図7.6　one-hot ベクトル（1-of-N 表現）による表現**

　one-hot ベクトルは、要素のほとんどが 0 の、隙間だらけの表現方法です。
しかも、ベクトルの要素数が形態素の種類数になりますから、長い文章では形
態素の種類が増えて、ベクトルの要素数は非常に大きくなります。このため、
扱いづらく効率の悪い表現方法です。

one-hot ベクトルに対して、分散表現と呼ばれる表現方法があります。分散
表現では、形態素を、より密度の高いベクトルで表します。分散表現を手に入
れる方法として、たとえば Word2vec と呼ばれるニューラルネットワークを用
いる方法があります。

Word2vec では、ある形態素と、その前後に出現する形態素を one-hot ベク
トルで表現して、階層型ニューラルネットワークで学習します。そして、学習
が終了したときの結合荷重を取り出して、これを分散表現のベクトルとして利
用します。

図 7.7 に、Word2vec の一種である CBOW の学習方法を示します。図のよ
うに CBOW では、ある形態素について、その前後の形態素の one-hot ベクト
ルをニューラルネットワークの入力とし、ある形態素を出力するようにニュー
ラルネットワークを学習させます。学習後のニューラルネットワークから結合
荷重を取り出し、これを分散表現ベクトルとします。

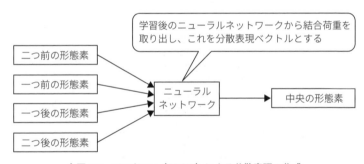

◆図 7.7　Word2vec（CBOW）による分散表現の作成

7.2　ニューラルネットワークを利用した人工無脳プログラム

　ここでは、ニューラルネットワークを利用した人工無脳プログラム ai7.py
の構成方法を検討します。ai7.py プログラムは、利用者の入力文をニューラ
ルネットワークで解析し、その評価値に基づいて返答を与える人工無脳プログ
ラムです。

7.2.1 ニューラルネットワークと人工無脳

ニューラルネットワークを人工無脳プログラムに適用する方法においては、さまざまな形式が考えられます。たとえば、本書で紹介した ai3.py プログラムが行う 2-gram 連鎖の生成を、ニューラルネットワークを用いて実現することが可能です。あるいは、ai5.py プログラムで利用したプロダクションルールを、ニューラルネットワークで表現することも可能です。

ここでは、利用者の入力文から数値的な特徴量を取り出して数値化することを前提に、利用者の入力文への応答をニューラルネットワークを用いて生成することを試みます。

前提として、これから作成しようとしている、ニューラルネットワークを利用した人工無脳プログラム ai7.py の実行イメージを**図 7.8** に示します。図 7.8 では、人工無脳「さくら」が、利用者からの入力に対して「それが良いでしょう。」あるいは「それはやめた方が良いでしょう。」と答えています。

さくら：さて、どうしました？
あなた：明日は早起きします。
さくら：それが良いでしょう。
あなた：疲れているのでしばらくは寝坊します。
さくら：それはやめた方が良いでしょう。
あなた：これからは死ぬ気でコンピュータの勉強をします。
さくら：それはやめた方が良いでしょう。
あなた：余裕をもって物事に対応したいと思います。
さくら：それが良いでしょう。

◆図 7.8 ニューラルネットワークを利用した人工無脳プログラム ai7.py の実行イメージ

図 7.8 のような応答を人工無脳にさせるには、利用者からの入力文を何らかの形で解析して数値化し、その解析結果である特徴量ベクトルから返答を選択する必要があります。このとき、解析結果である特徴量ベクトルから返答を得るしくみとして、ニューラルネットワークを利用することにします。

図 7.9 は、ニューラルネットワークを利用した人工無脳プログラム ai7.py の内部処理の様子を示しています。ai7.py プログラムに利用者から入力が与えられると、入力文解析部によって入力文から特徴量ベクトル、すなわち文の

特徴を反映した数値ベクトルが生成されます。次に特徴量をニューラルネット
ワークに入力し、その出力値に従って返答文を選択・生成します。

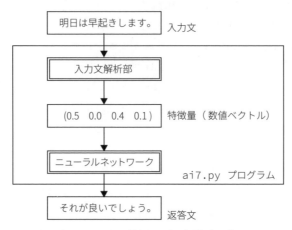

◆図 7.9　ニューラルネットワークを利用した人工無脳プログラム ai7.py の内部処理

　入力文解析部では、特徴量、すなわち入力された文の特徴を反映するような
複数の数値の組を生成します。ai7.py プログラムでは、入力文に含まれる文
字の字種、すなわち、ひらがな、カタカナ、漢字、それ以外文字の割合を計
算し、その結果を 4 次元の特徴量ベクトルとします（**図 7.10**）。この特徴量で
は、文の意味にかかわるような内容は判定できませんが、文の構造上の特徴を
ある程度反映させることは可能です。

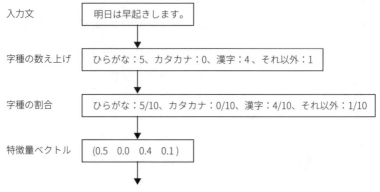

◆図 7.10　人工無脳プログラム ai7.py の入力文解析部の働き

　ai7.py プログラムのニューラルネットワークは、ある特徴量に対する応答をどうするかについて、与えられた学習データセットを用いて、あらかじめ学習します。このとき、学習データセットとして、図 7.8 のような結果が得られるような教師データを設定します（**図 7.11**）。

学習データ１：「明日は早起きします。」→「それが良いでしょう。」
学習データ２：「疲れているのでしばらくは寝坊します。」→「それはやめた方が良いでしょう。」
学習データ３：「これからは死ぬ気でコンピュータの勉強をします。」→「それはやめた方が良いでしょう。」
学習データ４：「余裕をもって物事に対応したいと思います。」→「それが良いでしょう。」

◆**図 7.11　ai7.py プログラムに与える学習データセット**

　図 7.11 で、矢印の左側が利用者からの入力文であり、矢印の右側が返答です。入力に対して返答部分が正しく出力されるように、ニューラルネットワークを学習させます。この意味で、矢印の右辺は先生の教えてくれる"正解"のデータであり、これを教師データと呼びます。

　学習データセットに含まれる学習データの個数は四つで、「それが良いでしょう。」という肯定的返答に対応するデータが二つ、「それはやめた方が良いでしょう。」という否定的返答に対応するデータが二つです。

　学習と実行の手続きについて、具体的な手続きを説明します。まず、ニューラルネットワークの学習データセットを作成します。**図 7.12** で、最初に学習データセットに含まれる四つの例文について、ai7.py プログラムの入力文解析部を利用して特徴量ベクトル（数値による表現）を生成します。このためのプログラムとして、ai7.py プログラムの入力文解析部を取り出して特徴量ベクトル作成に特化させた、analyzer.py プログラムを利用します。

　analyzer.py プログラムでは、それぞれの例文に対する特徴量ベクトルを生成し、教師データとして、「それが良いでしょう。」という肯定的返答をする場合をニューラルネットワークの出力値 1 とし、「それはやめた方が良いでしょう。」と否定的に返答する場合を出力値 0 とします。analyzer.py プログラムは、以上の考え方に基づいて、特徴量ベクトルと教師データから構成されるニューラルネットワーク用の学習データセットを構成します。

　次に analyzer.py プログラムの作成した学習データセットを用いて、4 入

学習データセット（日本語文）

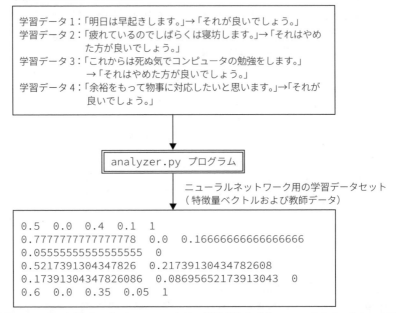

◆図 7.12　人工無脳プログラム ai7.py における学習手続き（1）　ニューラルネットワーク用の学習データセットの作成

力 1 出力のニューラルネットワークの学習を行います（**図 7.13**）。この学習には、第 6 章で紹介した backprop.py プログラムを利用します。第 6 章では backprop.py プログラムを 2 入力 1 出力のニューラルネットワークとして利用しましたが、ここでは四つの特徴量から一つの出力値を計算する 4 入力 1 出力のニューラルネットワークとして学習を進めます。両者は基本的に同じプログラムですが、入力数を区別するために、ここで用いるプログラムの名前を backprop41.py としておきましょう。

　学習が終了したら、backprop41.py プログラムが出力した、学習後の結合荷重としきい値を取り出します。この値を、今度は ai7.py プログラムのニューラルネットワークに組み込みます（**図 7.14**）。これで ai7.py プログラムの準備ができあがります。なお、ai7.py プログラムのニューラルネットワークでは、新たな学習は行わず、backprop41.py プログラムの学習結果に従って順方向の計算のみを行います。

ニューラルネットワーク用の学習データセット

```
0.5  0.0  0.4  0.1  1
0.7777777777777778   0.0   0.16666666666666666
0.05555555555555555   0
0.5217391304347826   0.21739130434782608
0.17391304347826086   0.08695652173913043   0
0.6  0.0  0.35  0.05  1
```

↓

backprop41.py プログラム

学習後の結合荷重としきい値

```
[[4.267186249125082, 4.783508618083005, -9.531969382942577,
-0.30962291380862067, 0.5323794688254893],
[-0.11069226817193417, -1.4069112752484574,
1.6857146161892742, 0.011630022697666902,
-1.8740302665072108]] [-10.143009160631921,
3.3354095313291645, -1.748717476682627]
```

◆図 7.13　人工無脳プログラム ai7.py における学習手続き（2）　ニューラルネットワークの学習

学習後の結合荷重としきい値

```
[[4.267186249125082, 4.783508618083005, -9.531969382942577,
-0.30962291380862067, 0.5323794688254893],
[-0.11069226817193417, -1.4069112752484574,
1.6857146161892742, 0.011630022697666902,
-1.8740302665072108]] [-10.143009160631921,
3.3354095313291645, -1.748717476682627]
```

ai7.py のニューラルネットワークに組み込む

ai7.py プログラム

◆図 7.14　人工無脳プログラム ai7.py における学習手続き（3）　学習結果の ai7.py プログ
ラムへの組み込み

　ai7.py プログラムに利用者から入力が与えられたら、入力文を解析して特
徴量ベクトルを作成し、ニューラルネットワークに与えます。すると、出力
として 0 から 1 の間の数値が得られます。ai7.py プログラムでは、ニュー
ラルネットワークの出力値が 0.5 より大きければ肯定的返答「それが良いで

しょう。」を与え、0.5 以下であれば否定的返答「それはやめた方が良いでしょう。」を出力します。こうすると、図 7.8 の入力に対してはあらかじめ決められた返答を行い、それ以外の入力文に対しても何らかの返答を行うようなしくみを作ることができます。

7.2.2　人工無脳プログラム ai7.py の構成

以上の準備をもとに、人工無脳プログラム ai7.py、および学習に必要なプログラムである analyzer.py プログラムと backprop41.py プログラム、それに学習データである図 7.8 の内容を反映したテキストファイル text.txt を作成しましょう。

はじめに、text.txt ファイルを作成します。text.txt ファイルは、入力文とそれに対する応答を 0 または 1 の数値で表した数字を 1 行に記述したテキストファイルです。**図 7.15** に text.txt ファイルの構成を示します。すでに説明したように、文末の 1 は肯定的返答「それが良いでしょう。」を意味し、0 は否定的返答「それはやめた方が良いでしょう。」を意味します。

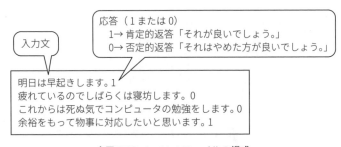

◆図 7.15　text.txt ファイルの構成

図 7.15 の text.txt ファイルから、ニューラルネットワーク用の学習データセット data.txt を作成します。これには、analyzer.py プログラムを利用します。analyzer.py プログラムのソースリストを**図 7.16** に示します。

```
1   # -*- coding: utf-8 -*-
2   """
3   analyzer.py
4   入力文の字種の割合により文の特徴量を作成します
5   4次元の特徴量ベクトルと、教師データを出力します
6   使い方  c:¥>python analyzer.py < text.txt > data.txt
7   """
8   # モジュールのインポート
9   import sys
10  import re
11
12  # 下請け関数の定義
13  # anastate()関数
14  def anastate(listdata):
15      """文の特徴量の生成"""
16      count = [0 for i in range(4)]
17      total = 0
18      # 字種のカウント
19      for chr in listdata[0]:
20          # 数え上げ
21          chrkind = whatch(chr)
22          count[chrkind] += 1
23          total += 1
24      # 特徴量出力（字種の割合と教師信号）
25      for i in range(4):
26          print(count[i]/total, ' ', end = '')
27      print(listdata[1])
28  # anastate()関数の終わり
29
30  # whatch()関数
31  def whatch(ch):
32      """字種の判定"""
33      if re.match('[ぁ-ん]' , ch):    # ひらがな
34          chartype = 0
35      elif re.match('[ァ-ン]' , ch): # カタカナ
36          chartype = 1
37      elif re.match('[一-龥]' , ch):  # 漢字
38          chartype = 2
39      else :                          # それ以外
40          chartype = 3
41      return chartype
42  # whatch()関数の終わり
```

◆図 7.16　analyzer.py プログラムのソースリスト（その 1）

```
43
44   #  メイン実行部
45   #  読み込みと特徴量の計算
46   try:
47       while True :   #  標準入力からの読み込み
48           inputline = input()
49           inputlist = inputline.split()
50           anastate(inputlist)
51   except EOFError:
52       pass
53
54   #  analyzer.pyの終わり
```

◆図 7.16　analyzer.py プログラムのソースリスト（その 2）

図 7.17 に、analyzer.py プログラムの実行結果を示します。図 7.17 にあるように analyzer.py プログラムは、入力として text.txt ファイルを与えると、文を解析した結果である特徴量ベクトルと、それに対応する教師データ（1 または 0）を、1 行に並べて出力します。図 7.17 では、analyzer.py プログラムの出力を、ニューラルネットワーク用の学習データセットを格納するファイルである data.txt ファイルに書き込んでいます。

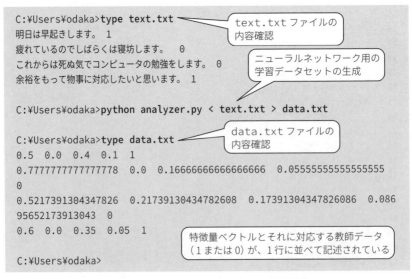

◆図 7.17　analyzer.py プログラムの実行結果

　analyzer.py プログラムでは、44 行目からのメイン実行部において、標準入力から入力文と教師データの組を 1 行ずつ読み込み、anastate() 関数を用いて特徴ベクトルを計算して出力します。13 行目から始まる anastate() 関数では、これまで繰り返し利用してきた whatch() 関数を利用して字種を調べ、ひらがな、カタカナ、漢字、およびそれ以外の字種の出現割合を計算して、与えられた教師データとともに出力します。

　ニューラルネットワーク用の学習データセット data.txt ができあがったら、次は backprop41.py プログラムを用いてニューラルネットワークの学習を行います。**図 7.18** に、backprop41.py プログラムの実行例を示します。図 7.18 では、backprop41.py プログラムに対して、図 7.17 で作成した data.txt ファイルを与えることで、バックプロパゲーションによるニューラルネットワークの学習を行っています。図 7.18 では、297 回の繰り返し後に学習が収束し、結合荷重としきい値を出力するとともに学習データセットに対するネットワークの出力値を示しています。

> バックプロパゲーションによる
> ニューラルネットワークの学習

```
C:¥Users¥odaka>python backprop41.py < data.txt
[[-0.925906767990863, 0.688672770156115, -0.11911403043792945, -0.7
491565189152196, 0.84698658647702797], [-0.16326242750044173, -0.776
1904998208176, -0.365953145559027, -0.0959230259709527, -0.29296007
21894223]] [-0.8177357954020492, 0.5131930573240098, 0.196202139459
50393]
学習データの個数: 4
1    1.2742390035874458
2    1.2753282147274188
3    1.2775085238051969
4    1.2801231428070508
5    1.282998634037194
6    1.2860727910295018
7    1.28930668091572
（以下出力が続く）
295    0.010063905827797703
296    0.010000604276480276
```

◆図 7.18　backprop41.py プログラムの実行例（その 1）

```
297    0.00993804086228876
[[4.267186249125082, 4.783508618083005, -9.531969382942577, -0.3096
2291380862067, 0.5323794688254893], [-0.11069226817193417, -1.40691
12752484574, 1.6857146161892742, 0.011630022697666902, -1.874030266
5072108]] [-10.143909160631921, 3.3354095313291645, -1.748717476682
627]
0 : [0.5, 0.0, 0.4, 0.1, 1.0] -> 0.9792850473226659
1 : [0.7777777777777778, 0.0, 0.16666666666666666, 0.05555555555555
555, 0.0] -> 0.04519365595946725
2 : [0.5217391304347826, 0.21739130434782608, 0.17391304347826086,
0.08695652173913043, 0.0] -> 0.05215556605133961
3 : [0.6, 0.0, 0.35, 0.05, 1.0] -> 0.9354769105397315

C:\Users\odaka>
```

学習結果
（学習後の結合荷重としきい値）

◆図 7.18　backprop41.py プログラムの実行例（その 2）

backprop41.py プログラムは、基本的に、第 6 章で示した backprop.py プログラムと同じプログラムです。両者が異なるのは、14 行目の入力層の神経細胞数の定義のみです。backprop41.py プログラムのソースリストは付録 A.3 に掲載します。

```
backprop.pyプログラム-------------------------------------------------
14  INPUTNO = 2        # 入力層のセル数
```
⬇
```
backprop41.pyプログラム-----------------------------------------------
15  INPUTNO = 4        # 入力層のセル数
```

backprop41.py プログラムによる学習が終了したら、図 7.18 に示した学習後の結合荷重としきい値を、コマンドプロンプトウィンドウからコピーすることによって取り出します。この値を、今度は ai7.py プログラムのニューラルネットワークに組み込みます。ai7.py プログラムのソースリストを**図 7.19**に示します。このうちで結合荷重としきい値は、51 ～ 55 行目の間で定義しています。この部分に、図 7.18 に示した値が貼りこまれています。

```
 1  # -*- coding: utf-8 -*-
 2  """
 3  ニューラルネットワークによる人工無脳  ai7.py
 4  使い方  c:¥>python ai7.py
 5  """
 6  # モジュールのインポート
 7  import re
 8  import math
 9
10  # グローバル変数
11  INPUTNO = 4          # 入力層のセル数
12  HIDDENNO = 2         # 中間層のセル数
13
14  # 下請け関数の定義
15  # calcvalue()関数
16  def calcvalue(textdata):
17      """文の特徴量からの評価値の計算"""
18      count = [0 for i in range(4)]
19      total = 0
20      # 字種のカウント
21      for chr in textdata:
22          # 数え上げ
23          chrkind = whatch(chr)
24          count[chrkind] += 1
25          total += 1
26      # 特徴量の計算（字種の割合）
27      e = [0.0 for i in range(4)]
28      for i in range(4):
29          e[i] = count[i]/total
30      return forward(e)
31  # calcvalue()関数の終わり
32
33  # whatch()関数
34  def whatch(ch):
35      """字種の判定"""
36      if re.match('[ぁ-ん]', ch):      # ひらがな
37          chartype = 0
38      elif re.match('[ァ-ン]', ch):    # カタカナ
39          chartype = 1
40      elif re.match('[一-龠]', ch):    # 漢字
```

◆図 7.19　ai7.py プログラムのソースリスト（その 1）

```
41          chartype = 2
42      else :                          # それ以外
43          chartype = 3
44      return chartype
45  # whatch()関数の終わり
46
47  # forward()関数
48  def forward(e):
49      """順方向の計算"""
50      #変数の準備
51      wh = [[4.267186249125082, 4.783508618083005, -9.53196938294
2577,¥
52              -0.30962291380862067, 0.5323794688254893], ¥
53          [-0.11069226817193417, -1.4069112752484574, 1.6857146
161892742, ¥
54              0.011630022697666902, -1.8740302665072108]]
55      wo  = [-10.143909160631921, 3.3354095313291645, -1.74871747
6682627]
56      hi = [0.0 for i in range(HIDDENNO + 1)]
57      # hiの計算
58      for i in range(HIDDENNO):
59          u = 0.0
60          for j in range(INPUTNO):
61              u += e[j] * wh[i][j]
62          u -= wh[i][INPUTNO] # しきい値の処理
63          hi[i] = f(u)
64      # 出力oの計算
65      o=0.0
66      for i in range(HIDDENNO):
67          o += hi[i] * wo[i]
68      o -= wo[HIDDENNO] # しきい値の処理
69      return f(o)
70  # forward()関数の終わり
71
72  # f()関数
73  def f(u):
74      """伝達関数"""
75      # シグモイド関数の計算
76      return 1.0/(1.0 + math.exp(-u))
77  # f()関数の終わり
78
```

◆図 7.19　ai7.py プログラムのソースリスト（その 2）

```
79  # メイン実行部
80  # 入力と応答
81  print("さくら：さて、どうしました？")
82  try:
83      while True :   # 会話しましょう
84          inputline = input("あなた：")
85          value = calcvalue(inputline)
86          if value > 0.5:
87              print("さくら：それが良いでしょう。")
88          else:
89              print("さくら：それはやめた方が良いでしょう。")
90          print(" (おすすめ度:",value,")")
91  except EOFError:
92      print("さくら：それではお話を終わりましょう")
93
94  # ai7.pyの終わり
```

◆図 7.19　ai7.py プログラムのソースリスト（その 3）

　図 7.20 に、ai7.py プログラムの実行例を示します。実行例では、利用者からのはじめの 4 回の入力は、学習データセットに含まれている文とまったく同じものです。これに対して ai7.py プログラムは、教師データとして設定したとおりに返答しています。また、各入力に対するニューラルネットワークの出力値を「おすすめ度」として合わせて出力しています。ai7.py プログラムは、この値に従って返答を決定しています。

　5 番目の入力「勉強を進めて自分を高めたいと思います。」は、学習データセットに含まれていない文です。これに対して ai7.py プログラムは、おすすめ度、すなわちニューラルネットワークの出力値を約 0.96 と計算しており、結果として「それが良いでしょう。」と返答しています。

　次の 6 番目の入力「コンピュータを使わないで済む方法を考えます。」も、学習データセットにはありません。これに対しては、おすすめ度すなわちニューラルネットワークの出力値を約 0.23 と計算しており、結果として「それはやめた方が良いでしょう。」と返答しています。

　さらに次の「コンピュータを積極的に利用します。」も学習データセットにはありませんが、おすすめ度すなわちニューラルネットワークの出力値を約 0.79 と計算しており、結果として「それが良いでしょう。」と返答しています。

```
C:¥Users¥odaka>python ai7.py
さくら：さて、どうしました？
あなた：明日は早起きします。
さくら：それが良いでしょう。
（おすすめ度： 0.9792850473226659 ）
あなた：疲れているのでしばらくは寝坊します。
さくら：それはやめた方が良いでしょう。
（おすすめ度： 0.04519365595946725 ）
あなた：これからは死ぬ気でコンピュータの勉強をします。
さくら：それはやめた方が良いでしょう。
（おすすめ度： 0.05215556605133961 ）
あなた：余裕をもって物事に対応したいと思います。
さくら：それが良いでしょう。
（おすすめ度： 0.93547691053973115 ）
あなた：勉強を進めて自分を高めたいと思います。
さくら：それが良いでしょう。
（おすすめ度： 0.956743978784254 ）
あなた：コンピュータを使わないで済む方法を考えます。
さくら：それはやめた方が良いでしょう。
（おすすめ度： 0.23483664412310057 ）
あなた：コンピュータを積極的に利用します。
さくら：それが良いでしょう。
（おすすめ度： 0.7886544617954516 ）
あなた：^Z
さくら：それではお話を終わりましょう

C:¥Users¥odaka>
```

◆図 7.20　ai7.py プログラムの実行例

　ai7.py プログラムの内部構造を説明します。ai7.py プログラムのメイン実行部は 79 行目から始まります。基本的な枠組みとしては、83 行目の while 文による繰り返しによって利用者からの入力を繰り返し受け取り、85 行目の calcvalue() 関数の呼び出しによって「おすすめ度」すなわちニューラルネットワークの出力値を計算します。この値に従って、86 ～ 89 行目の if ～ else 文によって、肯定的または否定的返答を出力します。

　「おすすめ度」すなわちニューラルネットワークの出力値を計算する calcvalue() 関数は 15 行目から始まります。はじめに入力文から特徴量を計算します。具体的には、18 ～ 25 行目の処理によって字種を数え上げ、27

〜 29 行目の処理で字種の割合からなる特徴量ベクトル e を求めます。この過程で、字種を判定する下請け関数 whatch() 関数を利用します。最後に、特徴量ベクトル e を forward() 関数に渡すことで、ニューラルネットワークの順方向の計算を行います。計算結果は、return 文によって呼び出し側に渡されます。

　calcvalue() 関数から呼び出される forward() 関数は、これまでニューラルネットワークの順方向の計算に用いていたものと同様です。forward() 関数から呼び出される f() 関数（伝達関数）も、backprop.py プログラムなどで用いたものと同様です。

　前述のように、forward() 関数には backprop41.py プログラムの出力する学習結果を埋め込む必要があります。ai7.py プログラムでは、この部分は次のように記述しています。

```
50      #変数の準備
51      wh = [[4.267186249125082, 4.783508618083005, -9.53196938294
2577,¥
52          -0.30962291380862067, 0.5323794688254893], ¥
53          [-0.11069226817193417, -1.4069112752484574, 1.6857146
161892742, ¥
54          0.011630022697666902, -1.8740302665072108]]
55      wo = [-10.143909160631921, 3.3354095313291645, -1.74871747
6682627]
```

　上の例で、51 〜 53 行目において、行末に円記号「¥」が置かれています。これは、この行がここで終わらずに次の行に続いていることを表しています。結合荷重としきい値は文字数が多く 1 行に入りきらないため、このような記述方法をとっています。学習データセットを変更して backprop41.py プログラムで学習し、その結果を ai7.py プログラムに埋め込む場合には、この点に注意が必要です。

第 **8** 章

対話エージェントの構成

　本章では、はじめに感情の工学的応用の可能性について説明します。次に、文脈を意識した人工無脳プログラムを作成することで、対話エージェントとしての人工無脳に関するまとめをはかります。

8.1 感情のモデル

　人間が対話を進める際には、感情が重要な役割を果たします。しかし人工知能分野では、感情を工学的に扱う方法についての研究は比較的最近始まったばかりであり、いまだ確立した方法論はありません。哲学や心理学、あるいは生物学・生理学における知見をもとに、何に応用するかという観点からそれらを実験的に応用しているというのが現状です。感情の工学的応用例としては、対話応答システムのほかにも、たとえばペットロボットやアミューズメント機器（ゲームプログラムやおもちゃ）などに広く用いられています。

　対話システムで感情を用いることの意味として、円滑な対話の実現があげられます。特に人工無脳システムのような対話システムでは、コンピュータとの対話がスムーズに進まなければなりません。そのためには、会話をコントロールする戦略が必要になります。この戦略として、感情のモデルを用いることができます（図 8.1）。

◆図 8.1　感情のモデルを対話制御の戦略として用いる

　コンピュータが感情のモデルに基づいて会話を制御すれば、人間にとって理解しやすい対話が実現できる可能性があります。またコンピュータにとっては、人間側の感情モデルを推論により構築しこれを利用することで、人間の発

話の理解をより容易に進めることができます。今後、こうした研究が進むことが期待されています。

8.2 非言語的インタラクションのモデル

8.2.1 対話システムにおける文脈

本書でこれまで示してきた人工無脳では、文生成の方法に主眼を置いてきました。しかし人工知能分野における対話システムでは、コンピュータによる文生成も重要ですが、人間からの入力をどう扱うかも同様に重要な問題です。対話という観点からは、コンピュータが文を生成するだけでなく、人間が作成した文をコンピュータが解析して意味を読み取る必要もあるのです。

対話システムでは、人間の利用者からの入力を受け取り、それに対してシステムが返答します。このとき、人間からの入力がその場限りの質問文であれば、システムは質問にそれぞれ返答すればよいのです。このような、問い合わせに対して返答をする対話システムを、特に質問応答システムと呼ぶことがあります（**図 8.2**）。質問応答システムの技術は現実的な応用システム構築に直結する有用な技術です。実際、データベース検索や Web 検索などのフロントエンドシステムとして実用化が進められています。質問応答システムを構築するには、本書でこれまでに示したテキスト処理や自然言語処理、あるいは知識

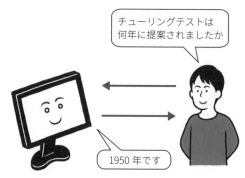

◆図 8.2　質問応答システム（質問応答システムは対話システムの一種である）

表現の技術が必要となります。

　質問応答システムでは、基本的に一問一答の形式で質疑が進められます。通常、質問応答システムでは、質問者が以前に発した質問の内容や質問の意図を扱う必要はありません。しかし、一般の対話システムでは、少し話が違っています。

　対話では、一連の発話が一つの対象に関係することがよくあります。逆に、発話のたびに完結した内容の文表現を行うと、対話がとても不自然になります。たとえば、図 8.3 で人間が「昨日学校に行きました」と発話し、コンピュータが「どうでした？」と尋ね、人間が「楽しかったですよ」と応じます。そしてコンピュータが「それはよかった」と答えたとしましょう。

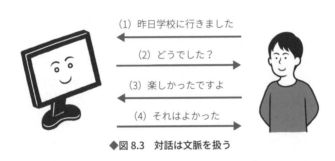

(1) 昨日学校に行きました

(2) どうでした？

(3) 楽しかったですよ

(4) それはよかった

◆図 8.3　対話は文脈を扱う

　この対話を実現するには、一連の発話がすべて関連していることを、コンピュータに理解させなければなりません。この対話では、人間が最初に発した「昨日学校に行きました」という発話により、人間とコンピュータの双方が、会話の主題が昨日学校に行ったことであることを理解する必要があります。次の「どうでした？」という発話は、これ単独では意味をなしません。しかし現在の会話の主題が学校に行ったことにあることがわかっていますから、「昨日あなたが学校に行ってどうでした？」という意味の質問であることがわかります。さらにこれに対して人間が「楽しかったですよ」と答えます。これを聞いてコンピュータは、「昨日学校に行って私は楽しかったですよ」という意味であることを理解する必要があります。これらの対話では、発話は常に「人間が昨日学校に行った」という了解のもとに行われます。つまり、発話がある文脈に沿って進められるのです。

　文脈に沿った対話では、字面の表現には現れない内容を補いながら発話を進めなければなりません。前回の相手の発話には含まれない、言語によらない非言語的内容を含めた対話の管理が必要になります。いわば、文脈のモデルを双方が共有したうえで発話を交換するのです。こうした文脈に沿った対話を進めることは、質問応答システムのような1回限りの質問応答を実現することに比べ、より困難であると考えられます。

　文脈に沿った会話の実現には、直前に相手の言ったことだけでなく、過去の相手の発話内容を用いる必要があります。それだけでなく、実は対話システムでは、相手が対話のなかで言っていないことも考慮する必要がある場合があります。文脈のモデル以上に、非言語的なモデルが要求されるのです。

　要求される非言語的なモデルの一つとして、相手がどのような知識や経験を持っているかという、対話相手のモデルを考慮する必要があります。人間同士の対話であれば、対話相手がどんな人かを意識して、発話の内容を変化させるのが普通です。また相手のことがよくわかっていれば、相手の発話に省略があったり言い間違いがあったりしても、相手の意図に沿って正しく理解できる場合があります。これは、対話相手がどんな人かを表現したユーザモデルを持っていなければ不可能です（図8.4）。

　逆に、初対面の人と話をするのは、よく知っている人を相手に話す場合より意思の疎通が困難になるのが普通でしょう。この場合には、対話相手のユーザモデルが存在しないため、ちょっとした省略や表現上の誤りを修正することが難しいのです。

　非言語的な要素として、対話相手の表情や身振り手振りなども対話に大きな影響を与えると思われます。これも対話相手のモデルとして扱うことができます。

　また、別の非言語的モデルとして、対話を行う環境のモデルが要求されます。対話を行っている時間が一日のうちのどんな時間帯なのか、何曜日か、季節はいつか、日本国内か、国内のどこか、室内か屋外か、椅子に座っているのか立っているのかなどなど、対話を行っている環境によって対話の内容を変化させる必要がありますし、相手の発話の理解においてもそうした情報が必要になります。環境のモデルは対話の理解や発話にどうしても必要なモデルです。

（1）相手のモデルあり　省略や誤りにも対応可能

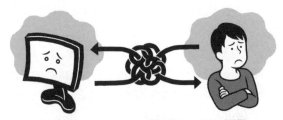

（2）相手のモデルなし　相手の発話の理解が困難

◆図 8.4　対話相手のモデルがある場合とない場合

8.2.2　文脈を保存する人工無脳

　それでは、文脈を意識する人工無脳を構成してみましょう。ここでは、第6章で扱った、暗記学習により語彙を増やす人工無脳プログラム ai6.py をもとにして、簡易的に文脈を扱う方法を検討します。

　ai6.py プログラムでは、応答文は形態素の連鎖を用いて生成します。このとき ai6.py プログラムでは、人間の入力文から形態素をランダムに選んで、選んだ形態素を先頭として応答文を生成しています。ただし選んだ開始形態素が ai6.py プログラムの保持している過去の文例による形態素のなかになければ、過去の文例に含まれる形態素を適当に選んで応答文を生成します。

　この方法では、応答文の生成のために選ばれた形態素が文脈に沿っている場

合には、それらしい応答文を生成することができます。実際、先に示した図6.5 の例では、人工無脳としてはそれなりの対応を進めています。

しかし、いつでもこの方法がうまくいくとは限りません。第 6 章で指摘した暗記学習の限界の問題のほかにも、いくつかの問題点があります。たとえば、図 6.5 の場合と同じ初期状態の text.txt ファイルを使った対話でも、図8.5 のような、会話としての面白味のない単調な結果もよく生じます。この例では、人間が意図的に暗記学習の欠点を悪用しているわけではありませんが、応答は繰り返しの多いわけのわからないものになっています。

```
C:¥Users¥odaka>python ai6.py
さくら：メッセージをどうぞ
あなた：漢字から始まる文です
さくら：です。
あなた：漢字から始まる文です
さくら：文です。
あなた：仮名から始まる文を扱います
さくら：まる文です。
あなた：漢字から始まる文です
さくら：まる文です。
あなた：漢字から始まる文です
さくら：始まる文です。
あなた：仮名から始まる文を扱います
さくら：仮名から始まる文です。
あなた：
```

◆図 8.5　ai6.py プログラムの応答例（ai6.py の応答戦略がうまく働かない例）

この例では、プログラム開始時の text.txt ファイルに存在しない形態素が人間の入力文にしばしば現れています。ai6.py プログラムは、人間の入力を 1 行ずつ暗記学習しながら対話を進めます。このとき、以前の人間の入力文に含まれる形態素から応答文を生成しようとすると、暗記したばかりの人間の入力文に強く影響された文が出力されてしまったため、図 8.5 のような結果となります。

text.txt ファイルにあらかじめ存在しない入力が与えられたのですから、応答文が単調になるのはある程度仕方ありません。しかし図 8.5 の例では、ai6.py プログラムの生成する応答文が、利用者の入力文の一部を単調に繰り

返しているようになっており、あまり会話らしくありません。

そこで、この問題を解決するために、いくつかの開始記号の候補のなかから形態素を選んで応答文を生成するプログラム ai8.py を構成してみましょう。形態素連鎖生成のための開始形態素の候補を複数用意することで、文脈を保存するとともに、単調な繰り返しを避けることを狙います。

具体的には、図 8.6 に示すように、応答文生成のための開始記号となる形態素を、3 段階の手順で探すことにします。はじめの「①直前の入力文からの選択」では、利用者からの直前の入力文から形態素をランダムに取り出します。もしこの形態素が過去の文例から作成した 2-gram データに含まれなければ、別の形態素を探します。もし適当な形態素が見つからなければ、次の②に進みます。

次の「②直近の入力文からの選択」では、今度は直前ではなく、以前に利用者から入力された文に含まれる形態素を開始記号の候補とします。この場合にも、選んだ形態素が過去の文例から作成した 2-gram データに含まれなければ、別の形態素を探します。もし適当な形態素が見つからなければ、次の③に進みます。

応答文生成のための開始記号となる形態素決定処理

```
①直前の入力文からの選択
  直前の入力文から抽出した形態素をランダムに選択
  もし形態素が過去データに含まれないなら別の形態素を選びなおす
  もし一つも見つからなければ、下記②に進む
```

```
②直近の入力文からの選択
  直近の入力文から抽出した形態素をランダムに選択
  もし形態素が過去データに含まれないなら別の形態素を選びなおす
  もし一つも見つからなければ、下記③に進む
```

```
③それ以外からの選択
  保存してある文データ全体から形態素をランダムに選択し、開始形態素とする
```

◆図 8.6　ai8.py プログラムにおける応答文生成のための開始記号となる形態素決定処理

　最後の「③それ以外からの選択」では、ai6.py と同じやり方で形態素を選びます。すなわち、保存してある文データ全体から形態素をランダムに選択し、開始形態素とします。③の手続きが選ばれる場合は必ず応答文を生成することができますが、文脈を考慮した返答文の生成は保証されません。

　図 8.6 の処理で、形態素を保持するしくみには Python の set 型（集合型）を利用するのが便利です。set 型を用いると、同じデータが繰り返し含まれることのないデータの集まりに対して、ランダムにデータを取り出したり、データを追加したりすることが簡単に行えます。この特徴を用いると、図 8.6 の処理が簡単に記述できます。

　たとえば、形態素の集合 inputset からランダムに一つ形態素を取り出して変数 startch に代入し、取り出した形態素をもとの集合から消去する操作を考えます。この処理を、リストなどを使って記述すると複雑な手順が必要です。しかし、set 型の pop() メソッドを使えば、次のように 1 行で記述できます。

```
startch = inputset.pop()
```

　さらに、上記例で pop() メソッドで要素を取り出した結果、inputset が空集合となったかどうかを調べる際には、len() 関数を用いて次のように記述できます。len() 関数は、集合の要素数を与える関数です。

```
len(inputset) > 0
```

　この条件式を実行し、もし結果が False となれば、inputset の要素数が 0 であることがわかります。

　別の実装例として、形態素の集合 morphpool に別の集合 inputset を加えて、重複を削除したうえで morphpool 変数に代入するには、次のように記述します。

```
morphpool = morphpool | inputset
```

　上記で演算子「|」は、集合演算の和集合を計算する演算子です。この処理も、リストなどで記述しようとするとかなりの手間がかかります。

　以上の方針で作成した ai8.py プログラムのソースリストを、**図 8.7** に示します。

```
 1  # -*- coding: utf-8 -*-
 2  """
 3  ai8.py
 4  文脈を保存する人工無脳プログラム
 5  プログラムと同じディレクトリ（フォルダ）に、text.txtという名前の
 6  日本語ファイルを置いてください。
 7  プログラムの終了時に、text.txtファイルを書き換えます
 8  text.txtファイルやディレクトリの書き込み権限がないとエラーになります
 9  使い方  c:¥>python ai8.py
10  """
11  # モジュールのインポート
12  import sys
13  import random
14  import re
15
16  # 下請け関数の定義
17  # generates()関数
18  def generates(chr, listdata):
19      """文の生成"""
20      # 開始文字の出力
21      print(chr, end = '')
22      # 続きの出力
23      while True:
24          # 次の文字の決定
25          n = random.randint(1, listdata.count(chr)) # 検索回数の設定
26          i = 0
27          for k, v in enumerate(listdata):          # 文字chrを探す
28              if v == chr:                          # 文字があったら
29                  i += 1                            # 発見回数を数える
30        .       if i >= n:                          # 規定回数見つけたら
31                      break                         # 検索終了
32          if k >= len(listdata) - 1:
33              break
34          nextchr  = listdata[k + 1]                # 次の文字を設定
35          print(nextchr, end = '')                  # 一文字出力
36          if (nextchr == "。") or (nextchr == ". "): # 句点なら出力終了
37              break
38          chr = nextchr                             # 次の文字に進む
39      print()                                       # 一行分の改行を出力
40  # generates()関数の終わり
41
```

◆図 8.7　ai8.py プログラムのソースリスト（その 1）

```
42   # whatch()関数
43   def whatch(ch):
44     """字種の判定"""
45     if re.match('[ぁ-ん]', ch):      # ひらがな
46       chartype = 0
47     elif re.match('[ァ-ンー]', ch):  # カタカナと伸ばし棒
48       chartype = 1
49     elif re.match('[一-龥]', ch):     # 漢字
50       chartype = 2
51     else :                             # それ以外
52       chartype = 3
53     return chartype
54   # whatch()関数の終わり
55
56   # make2gram()関数
57   def make2gram(text, list):
58     """2-gramデータの生成"""
59     morph = ""
60     for i in range(len(text) - 1):
61       morph += text[i]
62       if whatch(text[i]) != whatch(text[i + 1]):
63         list.append(morph)
64         morph = ""
65     list.append(morph + text[-1])
66   # make2gram()関数の終わり
67
68   # makemorph()関数
69   def makemorph(text, list):
70     """形態素データの生成"""
71     morph = ""
72     for i in range(len(text) - 1):
73       morph += text[i]
74       if whatch(text[i]) != whatch(text[i + 1]):
75         if (whatch(text[i]) == 1) or(whatch(text[i]) == 2):
76           # 漢字かカタカナの並びならmorphを結合
77           list.append(morph)
78         morph = ""
79   # makemorph()関数の終わり
80
81   # メイン実行部
82   # ファイルオープンと読み込み
```

◆図 8.7　ai8.py プログラムのソースリスト（その 2）

```
83   f = open("text.txt",'r')
84   inputtext = f.read()
85   f.close()
86   inputtext = inputtext.replace('¥n', '')     # 改行の削除
87   morphpool = set()     # 直近の入力文からの形態素集合を初期化
88   # 会話しましょう
89   print("さくら：メッセージをどうぞ")
90   try:
91     while True :   # 会話しましょう
92       # 形態素の2-gramデータの生成
93       listdata = []
94       make2gram(inputtext, listdata)
95       # ユーザからの入力
96       inputline = input("あなた：")
97       inputlist = []
98       # カタカナか漢字からなる形態素の抽出
99       makemorph(inputline, inputlist)
100      inputset = set(inputlist) # 形態素集合を作成
101      # 開始形態素の決定
102      startch = ""
103      # ①直前の入力文からの選択
104      while len(inputset) > 0:
105        startch = inputset.pop()
106        if (startch in listdata):
107          break
108      morphpool = morphpool | inputset
109      # ②直近の入力文からの選択
110      if startch == "":
111        while len(morphpool) > 0:
112          startch = morphpool.pop()
113          if (startch in listdata):
114            break
115      # ③それ以外からの選択
116      if not (startch in listdata):   # 開始形態素が存在しない
117        startch = listdata[random.randint(0,len(listdata) - 1)]
118      # メッセージの作成
119      print("さくら： ", end = '')
120      generates(startch, listdata)
121      # 入力が句点で終わっていなければ追加する
122      if not re.match('[。.]', inputline[-1] ):
123        inputline = inputline + '。'
```

◆図 8.7　ai8.py プログラムのソースリスト（その 3）

```
124         # 生成データinputtextの更新
125         inputtext = inputtext + inputline
126   except EOFError:
127     print("さくら：ばいば～い")
128     # ファイル書き込み処理
129     f = open("text.txt",'w')
130     f.write(inputtext)
131     f.close()
132
133   # ai8.pyの終わり
```

◆図 8.7 ai8.py プログラムのソースリスト（その 4）

ai8.py プログラムの実行例を**図 8.8** に示します。この例では、図 8.5 の場合と同様の初期条件、すなわち同じ text.txt ファイルを与えてプログラムを実行しています。

```
C:¥Users¥odaka>type text.txt
人工無脳は人工知能です。人工知能の目指すのは人工人格です。

C:¥Users¥odaka>python ai8.py
さくら：メッセージをどうぞ
あなた：こんにちは、さくらさん。
さくら：は人工知能です。
あなた：何が人工知能ですか？
さくら：人工知能です。
あなた：貴方が人工知能ですね？
さくら：人工知能です。
あなた：私は人間です。
さくら：人工知能です。
あなた：いいえ、私は人間の小高です。
さくら：人間です。
あなた：はい、その通りです。
さくら：人工人格です。
あなた：貴方は人工無脳、あるいは人工知能ですね？
さくら：人工無脳は人間の目指すのは人工人格です。
あなた：コンピュータの目指すのが人工人格では？
```

> text.txt ファイルは、
> 図 8.5 の場合と同様の内容

◆図 8.8 ai8.py プログラムの実行例（1） text.txt ファイルの内容がごく限られている場合の実行例（その 1）

```
さくら： 目指すのは人工人格です。
あなた：そうです、コンピュータの目指すものが人工人格です。
さくら： コンピュータの小高です。
あなた：ここでそう来られると、漫才のようですね。
さくら： ですか？。私は人工無脳は人間です。
あなた：もうそれで良いような気がしてきました。
さくら： は人工知能ですね？。私は人工無脳、その通りです。
あなた：^Z
さくら：ばいば〜い


C:¥Users¥odaka>
```

◆図 8.8　ai8.py プログラムの実行例（1）　text.txt ファイルの内容がごく限られている場合
　　　　の実行例（その 2）

　図 8.8 の実行例では、日本語としての表現にはいささか難点がありますが、
図 8.5 の応答例のような繰り返しは避けられています。実行例のはじめの部分
では単調な受け答えを行っていますが、ある程度利用者が入力を与えた後の展
開からは、ai6.py プログラムに見られた単調な繰り返しは見受けられません。
　図 8.8 の例は、ai8.py プログラムに最初に与えるテキストファイル text.
txt の内容が、極めて限られている場合の実行結果です。text.txt ファイル
に十分な量の日本語テキストを与えれば、より柔軟な応答が可能です。たとえ
ば図 8.9 の例は、第 1 章の内容を与えた場合の、ai8.py プログラムの実行例
です。前の例と比較すると、表現が柔軟になっていることがわかります。

```
C:¥Users¥odaka>type text.txt
第 1 章　人工無脳から人工知能へ
本書では、人工人格の創造を目指して、人工知能技術により人工無脳を高めていく方法を示します
。そこで第1章では、人工無脳と人 工知能について概説します。
この本を手にされた多くの方は、人工知能という言葉を耳にしたことがあるでしょう。またおそら
く、人工無脳という表現を見かけたこともあるのではないでしょうか。そこで本書のはじめに・・・
（以下出力が続く）
C:¥Users¥odaka>python ai8.py
さくら：メッセージをどうぞ
あなた：漢字から始まる文です。
さくら： 文を含んでいます。
あなた：何の文を含んでいますか？
```

◆図 8.9　ai8.py プログラムの実行例（2）　第 1 章の内容を与えた場合（その 1）

```
さくら： 文のインタプリタに関するページの三つの項目の持つ技術やエスペラント語のような知性は、本来は意味します。「コンピュータの音声をとらえ、会話応答システムを行は、このプログラムを示す。(6) 両者を返しの条件が三つの項目とも関連する回答にな っているといえるかもしれません。
あなた：何か、複雑なことを言われました。
さくら： 言っているのではないという点です。
あなた：そうですか、むしろ言っていると言うより書いているのでしょうね。
さくら： 書き換えているのです。
あなた：なるほど、それは人工無脳の手法ですね。
さくら： 人工無脳を持っている知能があると判定できるのではないでしょうか。◆表しています。12行目とイライザこうした技術の 回答者のいずれが男性の図1.3に関する必要があります。
あなた：知能や知性の定義はいまだ曖昧です。
さくら： 今のprint()関数の、人工無脳構成に対して人工知能についてその歴史をたどるうえで、人工知能技術により応答しているような動作を終了（著者）がメッセージをどうぞあなた：メッセージをどうぞあなた：ばいば～ん、最後に示した例を発するあいまいな指示を説明の手順はどの程度詳しく書き込んで、チューリングテストあるいはワイゼンバウムのルールを提唱することで人類に沿った応答をしているといえなくもありません。Sakuraを入力すると、「人工の結果を意味があるのかと思います。1.2 人工知能の世界で はただ「チューリングテストにはさまざまな問題があります。
あなた：これは・・・難解ですね
さくら： ？」を用いて人工無脳プログラムです。
あなた：謎の技術を用いた人工無脳プログラムですか。
さくら： 用いてユーザからの入力しているのです。
あなた：^Z
さくら：ばいば～い

C:¥Users¥odaka>
```

◆図 8.9 ai8.py プログラムの実行例（2） 第 1 章の内容を与えた場合（その 2）

図 8.10 は、夏目漱石の「坊っちゃん」を `text.txt` ファイルとして与えた場合の実行例です。図 8.8 や図 8.9 の実行例とはかなり異なる印象の対話を実現しています。

```
C:¥Users¥odaka>type text.txt
　親譲りの無鉄砲で小供の時から損ばかりしている。小学校に居る時分学校の二階から飛び降りて一週間ほど腰を抜かした事がある。なぜそんな無闇をしたと聞く人があるかも知れぬ。別段深い理由でもない。新築の二階から首を出していたら、同級生の一人が冗談に、いくら威張っても・・・
（以下出力が続く）
C:¥Users¥odaka>python ai8.py
```

◆図 8.10 ai8.py プログラムの実行例（3）「坊っちゃん」の内容を与えた場合（その 1）

さくら：メッセージをどうぞ

あなた：**漢字から始まる文です。**

さくら：始まるのだか句読をつけるのによっぽど骨でしょうと校長が強過ぎてそれが心配しずに暮し違いない。

あなた：**何となく坊っちゃん風の応答ですね。**

さくら：坊っちゃん、いくら景色だと思っていない。

あなた：**景色どころか、坊っちゃんは主役でしょう。**

さくら：景色だと云った。

あなた：**そう意地に成らないでください。**

さくら：意地にも務めるのが順当だと云ったろう」「そう、朝飯を云うと賞める事で磨いてなかった。　教員が二つの影法師が手の　漢学のお袋が、あなたもさぞご心配しずに暮していたから、たしかにどたばた暴れられたもんだ。

あなた：**日本文学ですね。**

さくら：。坊っちゃんの手紙をひらつかせながら、早く赤シャツの間毒気を入った椅子を見ては逃げるなんて、あとからお母さんが　教頭そのマドンナもその同類なんですかね」「淡泊だと足の国を掃蕩するにあると思わなかった。

あなた：**・・・**

さくら：坊っちゃんいつ家がもらえると信じている。

あなた：**^Z**

さくら：ばいば〜い

C:¥Users¥odaka>

◆図 8.10　ai8.py プログラムの実行例（3）「坊っちゃん」の内容を与えた場合（その 2）

ai8.py プログラムの内部構造を説明しましょう。81 行目からのメイン実行部では、まず文例を格納した text.txt ファイルを、文字列 inputtext に読み込むなどの準備をします。次に、88 行目から会話処理を始めます。

発話の繰り返しは、91 行目からの while 文により実現しています。while 文の内部では、94 行目の make2gram() 関数の呼び出しにより、文生成用の元データである文字列 inputtext から応答文生成用の形態素連鎖データである listdata を作成します。続いて 95 ～ 100 行目において、利用者からの入力文を取得して、そのなかからカタカナまたは漢字からなる形態素を抽出し、set 型の変数 inputset に格納しています。

101 ～ 117 行目では、図 8.6 に示した手続きに従って、文生成の開始記号となる形態素を選択しています。その後、120 行目の generates() 関数の呼び出しにより応答文を生成し、文生成用の元データである文字列 inputtext に今回の利用者からの入力文を追加します。

126 行目からは、利用者から入力終了（Ctrl+Z の入力）が与えられた際の処理を記述しています。127 行目で終了のメッセージを出力した後、text.txt ファイルを更新しています。

ai8.py プログラムでは、いくつかの下請け関数を利用しています。まず17 行目からの generates() 関数は、応答文の生成を担当します。これは ai6.py プログラムで用いた同名の関数と同じものです。続く 42 行目からの whatch() 関数は字種を判定し、56 行目からの make2gram() 関数は応答文生成のための形態素連鎖を生成します。これらも、以前用いたものとほぼ同様です。

68 行目からの makemorph() 関数は、利用者からの入力文から、カタカナまたは漢字からなる形態素を取り出して、形態素のリストを生成します。makemorph() 関数は、メイン実行部の 99 行目から呼び出されます。

第 **9** 章

脱人工無脳宣言──
人工無脳から人工人格へ

　本章では、本書のしめくくりとして、人工知能の立場から人工無脳の目指す方向を考えてみたいと思います。人工無脳あるいは人工知能に代表されるコンピュータプログラムが知的に振る舞うとはどういうことなのか、また、人工無脳が人工人格に至るには何が必要かを考えます。

9.1 知能とは何か

9.1.1 チューリングテストの意味

　第 1 章で説明したように、アラン・チューリングがチューリングテストを提案してから半世紀以上が経過しました。当時、チューリングは、50 年間努力してプログラムを書き続ければ、知的なプログラムを作れるだろうと予想しました。しかし予想に反して、誰もが知的と認めるコンピュータプログラムはいまだ存在しません。それどころか、コンピュータが知的に振る舞うことの意味を考えることは、チューリングの危惧どおり、依然として混沌とした状況にあります。ここでは、チューリングテストの意味をもう一度考えてみたいと思います。

　対話によって知性を評価するというチューリングテストへの批判として、哲学者のジョン・サールが「中国語の部屋（Chinese room）」という思考実験を提示したことは第 1 章で述べました。第 1 章では議論の混乱を避けるためにその詳細を示しませんでしたので、ここで改めて「中国語の部屋」について説明したいと思います。

　「中国語の部屋」は、その名のとおり壁に囲まれた単なる部屋ですが、小さな窓を通してメモをやり取りすることのほかには外部との通信手段がありません（図 9.1）。中国語の部屋の小窓に中国語で書いた質問文を入れると、中国語で書かれた返答文が同じ窓から返ってきます。返ってきた返答文は、質問に対する答えであり、正しい中国語で記述されています。外から見ると、部屋の中に中国語を理解する人間がいて、その人間が応答文を作成しているように見

中国語で質問すると、中国語で答えが返ってくる

◆図 9.1　外から見た中国語の部屋

えます。

　しかし中国語の部屋の内部には、実は中国語を理解する人間はいないのです。部屋の中には、中国語を理解しない人間が一人いるだけです（**図9.2**）。

　部屋には机があり、分厚い本とメモ用紙が置いてあります。この本には、ある中国語の記述が与えられた際に返答としてどのような中国語の文を返すべきかについて指示が記述されています。この本は、入力文の中国語を応答文に変換する変換規則書です。変換規則書には、およそ入力としてありそうな中国語の文すべてについての記述があるものとします。

机の上には分厚い変換規則書とメモ用紙が乗っている

◆**図9.2　中国語の部屋の内部**

　部屋の中の人は、部屋の小窓から中国語の質問が入ってくると、質問の中国語文を変換規則書と照らし合わせます。中国語文の意味はまったく理解できませんが、文字を図形的に比較照合することで、返答を規則書から見つけることは可能です。それをメモ用紙に転記して、小窓から返せば仕事が完了です。

　この過程では、部屋の中の人間は中国語を理解しません。当然、変換規則書は中国語を理解しているとはいえないでしょうし、ましてやメモ用紙が中国語を理解しているとは考えられません。それにもかかわらず、中国語の部屋は中国語の対話を行えるのです。このように、知的な要素がまったくなくてもチューリングテストに合格しうる場合があることをサールは指摘しました。お気づきだと思いますが、「中国語の部屋」はコンピュータと動作原理がまった

く同じです。部屋の中にいる、中国語を理解しない人間は、コンピュータの処理装置です。また、変換規則書は記憶装置で、メモ用紙は入出力装置です。コンピュータがチューリングテストに合格したからといって、コンピュータに知性があるということにはならない、というのが「中国語の部屋」の主張です。

　しかし、「中国語の部屋」のどの構成要素も知的でないとしても、部屋全体としては知的な行動を行っているように思えることも確かです。結局、チューリングの論文における主張のように、内部構造がどうであるにせよ外見的に知的に振る舞うシステムは知性を持つとすると定義するならば、中国語の部屋は部屋全体としては知性を持つということになるでしょう。

　結局、「中国語の部屋」の指摘も、知的であるとは何かという問題に戻ってしまいます。そこで、知的であるとはどういうことなのかを別の観点から考えてみましょう。

9.1.2　「知的であること」の意味

　チューリングテストにおいて、回答者があまりにも知的に振る舞うと、かえって人間的でなくなってしまうためテストに合格しなくなる場合があるかもしれません。たとえば、12345×6789 といった、およそ暗算では計算できないような桁数の掛け算の答えを質問者がチューリングテストにおいて問い合わせた場合に、回答者から答えが一瞬で返ってきたら、相手が人間であるとは考えられません（**図 9.3**）。このことはチューリングも論文のなかで指摘してい

◆図 9.3　桁数の多い掛け算を瞬時に実行することは知的作業ではない？

ます。それでは、桁数の多い掛け算を瞬時に実行することは、知的作業ではないのでしょうか。

　別の場合を考えます。チューリングテストにおいて、回答者がタイプミスを頻繁に行ったとします（**図 9.4**）。このことは、とても人間的に思えます。それでは、タイプミスをすることは知的であることの条件なのでしょうか。それならばコンピュータプログラムの場合でも、出力に乱数を使ってエラーをわざと混ぜたら、コンピュータプログラムが知的になるのでしょうか。

◆図 9.4　タイプミスをすることは知性の条件？

　これらの過程から、「知的であること」についての誤った認識が見えてきます。上の二つの例の説明においては、「知的であること」と「人間的であること」を意図的に混同しています。本来、両者は区別されるべきもののはずです。しかし私たち人間は、知的であるものの具体例として人間しか知りませんでした。そこで、知性や知的能力を、人間の能力を基準に考えてしまうのです。結果として、知的であることと、人間的であることを混同してしまうのです。

　実際、多くの人にとって、われわれ人間が知的であることには疑問がないでしょう。しかしだからといって、知的であることがすなわち人間であるということにはならないはずです。人間の知性を認めるとともに、人間の知性とは種類の異なる知性、たとえばコンピュータプログラムの知性を認めてもよいはずです。この立場では、人間の知性とコンピュータプログラムの知性は、その内容が多少異なっていても差し支えありません。桁数の多い掛け算を難なくこなし、あらかじめ学習したとおりにいつでも正確にタイピングを行う能力を、コ

ンピュータプログラムの知性の特徴としてとらえることもできるでしょう。

　1997 年に、ディープブルーというチェス専用スーパーコンピュータは人間のチェス世界チャンピオンを打ち負かしました。2017 年には、チェスよりも格段に複雑なゲームである囲碁において、AlphaGo という囲碁プレーヤープログラムが世界トップレベルの囲碁棋士に勝利しています。コンピュータプログラムの知性という立場からは、ディープブルーや AlphaGo は十分に知的であるといえるでしょう。

　何もこれらのような特殊なプログラムでなくても、オンラインシステムでデータベースを管理するサーバコンピュータや科学技術計算を高速にこなすスーパーコンピュータ、あるいは、計算や情報検索などにおいて人間の知的活動を補助するパーソナルコンピュータやスマートフォンは、いずれも知的であると呼べるのではないでしょうか。

9.2 人工人格の構成

9.2.1　人工無脳プログラムの知的程度

　最後に、本書で示した人工無脳プログラムについてまとめておきましょう。本書で構成した人工無脳プログラムを**表 9.1** に示します。

◆表 9.1　本書で構成した人工無脳プログラム

名　称	説　明	対応する章
ai1.py	定型的な応答のみ	第 1 章
ai2.py	文字のマルコフ連鎖に基づく応答文生成	第 2 章
ai3.py	形態素のマルコフ連鎖に基づく応答文生成	第 3 章
ai4.py	音声で定型的応答を生成	第 4 章
ai5.py	プロダクションルールによる応答文生成	第 5 章
ai6.py	形態素のマルコフ連鎖を暗記学習し、応答文を生成	第 6 章
ai7.py	ニューラルネットワークを利用した応答文選択	第 7 章
ai8.py	文脈を意識した応答文生成	第 8 章

　第1章では、人工無脳プログラムの基本的な構成を示し、定型的な応答を繰り返す人工無脳 ai1.py を構成しました。ai1.py は常に同じ応答を繰り返すだけですから、対話システムとしてはあまり面白くありませんし、知的とは言い難い対話システムでしょう。

　第2章で紹介した ai2.py プログラムは、文字単位のマルコフ連鎖を用いて応答文を生成する人工無脳プログラムです。ai2.py プログラムの面白さは、意味があるようにもないようにも見える応答文の意外性にあるでしょう。ai2.py プログラムの応答文は文法的に破綻している場合も多いのですが、対話相手の人間はそこから何かの意味を読み取ることで対話を進めます。そこに対話の面白さが生まれる可能性があります。

　第3章の ai3.py プログラムでは、形態素の連鎖を確率的につなげることで応答文を生成します。形態素連鎖はあらかじめ与えられていますから、ai3.py プログラムの応答文は、形態素単位では正しい表現となっています。したがって対話相手の人間にとっては、ai2.py プログラムの場合と比較して、より意味を汲み取りやすく会話を進めやすくなっています。また、対話相手の人間から見れば、ai3.py プログラムは ai2.py プログラムよりも知的な度合いの高い対話システムでしょう。

　第5章の ai5.py プログラムは、定型的な応答を繰り返す人工無脳プログラムです。しかし ai1.py プログラムと異なり、ルールに従って人間の入力文に対応した応答を返すため、会話らしい応答を行うことが可能です。ai5.py は ai1.py プログラムよりもより知的な会話を行うことができます。

　第6章の ai6.py プログラムは、暗記学習により語彙を増やすことのできるプログラムです。人間の入力があると、そのつど解析して学習します。人間の入力をそのまま暗記学習するので、場合によってはおかしな応答をするようになります。それでも、相手の言うことをその場で学習する能力は、知的な能力であるということができるでしょう。

　第7章の ai7.py プログラムは、入力文をニューラルネットワークを利用して解析し、応答文を選択する人工無脳プログラムです。本書の他の人工無脳プログラムと少し傾向の異なるプログラムであり、他のプログラムとの融合によって、より知的な人工無脳プログラムの実現に貢献できる可能性があります。

　第8章の ai8.py プログラムは、ai6.py プログラムにおける応答文の生成

方法を改良した人工無脳プログラムです。文脈を保存するために、直前の文だけでなく以前の文も解析対象とします。繰り返しを避けることもでき、ai6.py よりも知的な程度が高まっています。

　こうして拡張してきた人工無脳プログラムですが、プログラム自身でどこまでの対話が可能でしょうか。これを調べるために、人工無脳自身で対話を続けさせる例を示したいと思います。第8章で作成した ai8.py プログラムを改造して、人間の入力文を受け付けずに勝手に発話する ai9.py プログラムを作ってみましょう。

　ai9.py プログラムは、自分の発言を解析して次の発言を作成することで、勝手に発話を続けるプログラムです。ai8.py プログラムからの主たる変更点は、メイン実行部において人間からの入力を input() 関数で受け取る代わりに、プログラムが直前に出力した応答文を変数 nextline に保存しておいて、それを解析し応答文を生成している点です。

　図 9.5 に ai9.py プログラムのソースリストを示します。また図 9.6 に実行例を示します。

```
1   # -*- coding: utf-8 -*-
2   """
3   ai9.py
4   文脈を保存し、勝手に対話する人工無脳プログラム
5   プログラムと同じディレクトリ（フォルダ）に、text.txtという名前の
6   日本語ファイルを置いてください。
7   プログラムの終了時に、text.txtファイルを書き換えます
8   text.txtファイルやディレクトリの書き込み権限がないとエラーになります
9   使い方　c:¥>python ai9.py
10  """
11  # モジュールのインポート
12  import sys
13  import random
14  import re
15  import copy
16
17  # 下請け関数の定義
18  # generates()関数
19  def generates(chr, listdata):
```

◆図 9.5　ai9.py プログラムのソースリスト（その1）

```
20     """文の生成"""
21     # 出力文字列保存用変数nextlineの初期化
22     nextline = ""
23     # 開始文字の出力
24     print(chr, end = '')
25     nextline= nextline + chr # 文字の保存
26     # 続きの出力
27     while True:
28       # 次の文字の決定
29       n = random.randint(1, listdata.count(chr)) # 検索回数の設定
30       i = 0
31       for k, v in enumerate(listdata):   # 文字chrを探す
32         if v == chr:                     # 文字があったら
33           i += 1                         # 発見回数を数える
34           if i >= n:                     # 規定回数見つけたら
35             break                        # 検索終了
36       if k >= len(listdata) - 1:
37         break
38       nextchr = listdata[k + 1]          # 次の文字を設定
39       print(nextchr, end = '')           # 一文字出力
40       nextline= nextline + chr           # 文字の保存
41       if (nextchr == "。") or (nextchr == ". "): # 句点なら出力終了
42         break
43       chr = nextchr                      # 次の文字に進む
44     print()                              # 一行分の改行を出力
45     return nextline
46   # generates()関数の終わり
47
48   # whatch()関数
49   def whatch(ch):
50     """字種の判定"""
51     if re.match('[ぁ-ん]' , ch):      # ひらがな
52       chartype = 0
53     elif re.match('[ァ-ンー]' , ch): # カタカナと伸ばし棒
54       chartype = 1
55     elif re.match('[一-龥]' , ch):    # 漢字
56       chartype = 2
57     else :                             # それ以外
58       chartype = 3
59     return chartype
60   # whatch()関数の終わり
```

◆図 9.5　ai9.py プログラムのソースリスト（その 2）

```
61
62   # make2gram()関数
63   def make2gram(text, list):
64       """2-gramデータの生成"""
65       morph = ""
66       for i in range(len(text) - 1):
67           morph += text[i]
68           if whatch(text[i]) != whatch(text[i + 1]):
69               list.append(morph)
70               morph = ""
71       list.append(morph + text[-1])
72   # make2gram()関数の終わり
73
74   # makemorph()関数
75   def makemorph(text, list):
76       """形態素データの生成"""
77       morph = ""
78       for i in range(len(text) - 1):
79           morph += text[i]
80           if whatch(text[i]) != whatch(text[i + 1]):
81               if (whatch(text[i]) == 1) or(whatch(text[i]) == 2):
82                   # 漢字かカタカナの並びならmorphを結合
83                   list.append(morph)
84               morph = ""
85   # makemorph()関数の終わり
86
87   # メイン実行部
88   # ファイルオープンと読み込み
89   f = open("text.txt",'r')
90   inputtext = f.read()
91   f.close()
92   inputtext = inputtext.replace('\n', '')      # 改行の削除
93   morphpool = set()          # 直近の入力文からの形態素集合を初期化
94   # 会話しましょう
95   print("さくら：メッセージをどうぞ")
96   inputline = "人工無脳を人工人格に昇華させよう。"
97   for i in range(20) :   # 会話しましょう
98       # 形態素の2-gramデータの生成
99       listdata = []
100      make2gram(inputtext, listdata)
101      # ユーザからの入力の代わりに、inputlineを解析
```

◆図 9.5　ai9.py プログラムのソースリスト（その 3）

```
102    inputlist = []
103    # カタカナか漢字からなる形態素の抽出
104    makemorph(inputline, inputlist)
105    inputset = set(inputlist) # 形態素集合を作成
106    # 開始形態素の決定
107    startch = ""
108    # ①直前の入力文からの選択
109    while len(inputset) > 0:
110      startch = inputset.pop()
111      if (startch in listdata):
112        break
113    morphpool = morphpool | inputset
114    # ②直近の入力文からの選択
115    if startch == "":
116      while len(morphpool) > 0:
117        startch = morphpool.pop()
118        if (startch in listdata):
119          break
120    # ③それ以外からの選択
121    if not (startch in listdata):  # 開始形態素が存在しない
122      startch = listdata[random.randint(0,len(listdata) - 1)]
123    # メッセージの作成
124    print("さくら: ", end = '')
125    nextline = generates(startch, listdata)
126    # 入力が句点で終わっていなければ追加する
127    if not re.match('[。.]', inputline[-1] ):
128      inputline = inputline + '。'
129    # 生成データinputtextの更新
130    inputtext = inputtext + inputline
131    inputline = copy.copy(nextline) # 自問自答
132  print("さくら：ばいば～い")
133
134  # ai9.pyの終わり
```

◆図 9.5　ai9.py プログラムのソースリスト（その 4）

```
C:¥Users¥odaka>python ai9.py
さくら：メッセージをどうぞ
さくら： 関係なく機械の誕生した1940年代には知能とは大きく異なるかは気にせず、現在「中国
語の回答者のうちのどちらが女性か を当てることはできません。　実験に知的に変換します。
さくら： 知的な形式の主張です。
```

◆図 9.6　ai9.py プログラムの実行例（その 1）

237

さくら：　主張は、質問者は、チューリング賞は文字だけで行い、男女各1名のジョン・サールは、次のような知能と同じように惑わすような回答をしますから、第9章で述べるように「チューリングテストの皆様が存在しうるし、現在稼働中の回答者のうちのどちらが　女性かを知る舞えばそれでよいとするのです。
さくら：　文字だけで行い、場合もあります。
さくら：　場合もあります。
さくら：　別室にいる回答者のうちのどちらが女性かを知る舞えばそれでよいとするのです。
さくら：　女性かを当てることです。
さくら：　当てることです。
さくら：　を理論的に大きな影響を発します。
さくら：　発します。
さくら：　という学問分野の受賞者はいません。
さくら：　学問分野の主張です。
さくら：　主張です。
さくら：　主張主張は1950年のノーベル賞を返す回答者のうちのどちらが女性かを当てることです。
さくら：　当てることはできません。　このとき、場合もあります。
さくら：　場合が人工無脳研究によりチューリング（A. M. Turing）は、返答を指摘しています。
さくら：　場合場合もあります。
さくら：　であると結論する人はいないでしょう。
さくら：　結論する数理的モデルである「何の持つ問題点を理論的に参加するのは、第9章で質問を与える賞は、現在稼働中の人工知能のノーベル賞を、人工知能の人工知能の人工無脳でも、どちらの回答者のうちのどちらが女性かを当てることです。
さくら：　質問を受賞されることを願います。
さくら：ばいば〜い

C:¥Users¥odaka>

◆図 9.6　ai9.py プログラムの実行例（その 2）

　上記実行例では、第 1 章の「1.2.1　チューリングテスト」から切り出したテキストデータを用いて文を生成しています。ai9.py プログラムは、メイン実行部の 96 行目で変数 inputline に初期値として与えられた、「人工無脳を人工人格に昇華させよう。」という決められた文を解析することで実行を開始します。実行例を見ると、本書の主題である人工知能に関係する話題を展開しているように見えます。相手の発話に応答をしているようには見えませんが、ある程度一貫した話題の展開を続けているようにも思えます。しかし、人間の対話のように、意図を持ったやり取りが行われている様子はありません。

　対話というものは、話者の相互作用で発展していくものです。人工無脳 ai9.py プログラムの対話は、いわば独り言の連鎖なので、相互作用による会

話の発展はまったくありません。図 9.6 の実行例はその結果の一例です。

9.2.2　人工知能プログラムは心を持ちうるか——人工人格へ向けて

　前節で、コンピュータプログラムは十分な知的能力を表出するという意味で知的であると述べました。しかしそれでも、人工知能による対話応答プログラムが知性を持つとすることには納得できないかもしれません。対話の相手として人工知能プログラムを見たとき、やはり気になるのは、人間的な意味での知性かもしれません。人工知能プログラムは自分で考えることができるのでしょうか（**図 9.7**）。言い換えれば、プログラムは自意識を持ちうるのか、プログラムに心を持たせることはできるのか、という問題です。

◆図 9.7　人工無脳はちゃんと「考え」ているのか？

　心の問題は、感情の問題と同様、人工知能においてはこれまで直接的に対象にされることがあまりありませんでした。しかし隣接する学問領域である認知科学では中心的な課題の一つですし、心の工学的応用という側面から今後は人工知能領域でも研究が進められるものと思われます。

　コンピュータプログラムが心を持つかどうか、あるいはプログラムが自意識を持つかどうかを考えるには、そもそも人間の心や自意識が何であるかを知らなければなりません。これは人類が太古から追い求めてきた哲学的疑問であるとともに、最近の脳科学や神経生理学、認知科学、言語学、心理学などからの検討が少しずつ実を結び始めた検討対象でもあります。しかし残念ながら、結論が得られる段階ではありません。

　ここでは、対話応答システムとしてのコンピュータプログラムが心を持つとはどういう意味かを、人間同士の対話を手がかりに考察してみましょう。人間同士が対話している際、対話の相手が自意識あるいは心を持っているかどうかを判断するにはどうしたらよいでしょうか。

　判断の手がかりは、対話の内容しかありません。したがって、相手との質疑などによって相手に心があるかどうかを主観的に調べるしかありません。すると、コンピュータプログラムを相手にする場合と同様になってしまいます。つまり、相手の人間がどう答えるかを観察して、相手が本当に自意識を持って考えているかどうかを見極めることになります（**図9.8**）。

◆図 9.8　人間はちゃんと「考え」ているのか？

　結局、対話システムにおける他者の心や自意識の存在は、相手をどう見るかによることになります。ちょうどチューリングがチューリングテストで主張したように、対話相手が心を持っているように見えれば、対話相手には心があるのです。

　人工知能プログラムの立場からは、人間から興味を持って見られることが重要になります。たとえば応答の多様性や意外性、あるいは応答内容の興味深さなどが必要でしょう。そのためには、本書で順に辿ってきたように、コンピュータプログラムをさまざまな手法で高度化するとともに、プログラムの持つ知識の量や質を増すことが必要でしょう。

　現在の人工無脳は、プログラムが心を持っているようには見えません。目標とする「心を持つように見えるプログラム」には、まだまだ道のりが遠いようです（**図9.9**）。しかし、本質的なブレークスルーが求められるわけではなく、現在の方向の延長線上に目標とするプログラムが存在するように思われます。この目標となる「心を持つように見えるプログラム」を、人工人格プログラム

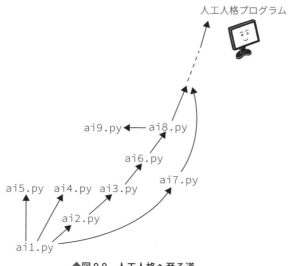

◆図 9.9　人工人格へ至る道

と呼びたいと思います。

　人工人格に向けた人工無脳プログラムの高度化には、本書で解説した人工知能的手法が適用可能です。特に、ディープラーニングの技術はいまだ発展途上であり、今後、対話応答システムへの応用が可能であると考えられます。

　また、プログラムの持つ知識の質と量を増やすためには、計算機可読形式でインターネット上に蓄えられたさまざまな情報を取り込むことが重要でしょう。実際、本書で作成した人工無脳プログラムも、わずかな知識しか与えなければおもちゃのような動作しかしません。しかしある程度の量の知識を与えれば、それなりに面白い応答をするようになります。インターネットの爆発的発展は、人工人格達成にとって絶好の機会といえるでしょう。

　現在は、人工知能技術により人工無脳を人工人格へ高める絶好の機会といえるでしょう。心を持つように見えるプログラムの実現は、案外近いところまで迫っているのかもしれません（**図 9.10**）。皆さんの挑戦を期待して、本稿の結びとしたいと思います。

◆図 9.10　心は君の瞳の中にあるのかもしれない……

付　録

A.1　Python 処理系のインストール

　Python 処理系は、下記の公式 Web サイトからダウンロードしてインストールすることができます。本書に掲載したプログラムは、Windows 環境において下記からインストールした Python 処理系によって実行可能です。

https://www.python.org/

　本書で示したプログラムは、Python の標準ライブラリのみで動作可能であり、特に追加しなければならないライブラリはありません。しかし、たとえばディープラーニングのプログラミングなど、本書の範囲を超えた Python プログラミングを行うのであれば、追加のライブラリが必要となります。この場合には、たとえば Anaconda（https://www.anaconda.com/）によってインストールをすることで、ディープラーニングを含めた科学技術計算の広範な領域に対応したライブラリを一度にインストールすることが可能です。

A.2　第 3 章　gens2d.py のソースリスト

```
1   # -*- coding: utf-8 -*-
2   """
3   gens2d.pyプログラム
4   書き換え規則による文の生成プログラムその２
5   書き換え規則Bに従って文を生成します
6     書き換え規則B
7       規則①　<文>→<名詞句><動詞句>
8       規則②　<名詞句>→<形容詞句><名詞>は
9       規則③　<名詞句>→<名詞>は
10      規則④　<動詞句>→<動詞>
11      規則⑤　<動詞句>→<形容詞>
12      規則⑥　<動詞句>→<形容動詞>
13      規則⑦　<形容詞句>→<形容詞><形容詞句>
14      規則⑧　<形容詞句>→<形容詞>
15    使い方　c:¥>python gens2d.py
```

```
16   """
17
18   # モジュールのインポート
19   import random
20
21   # 下請け関数の定義
22   # sentence()関数
23   def sentence():
24       """規則① <文>→<名詞句><動詞句>"""
25       np()  # 名詞句の生成
26       vp()  # 動詞句の生成
27   # sentence()関数の終わり
28
29   # np()関数
30   def np():
31       """
32       規則②<名詞句>→<形容詞句><名詞>は
33       規則③ <名詞句>→<名詞>は
34       """
35       if(random.randint(0, 1) > 0):
36           ap()
37       print(nlist[random.randint(0, len(nlist) - 1)], end = '')
38       print("は", end = '')
39   # np()関数の終わり
40
41   # vp()関数
42   def vp():
43       """
44       規則④ <動詞句>→<動詞>
45       規則⑤ <動詞句>→<形容詞>
46       規則⑥ <動詞句>→<形容動詞>
47       """
48       rndn = random.randint(4, 6)
49       if rndn == 4 :  # 規則4
50           print(vlist[random.randint(0, len(vlist) - 1)], end = '')
51       elif rndn == 5 : # 規則5
52           print(alist[random.randint(0, len(alist) - 1)], end = '')
53       else :          # 規則6
54           print(dlist[random.randint(0, len(dlist) - 1)], end = '')
55   # vp()関数の終わり
56
57   # ap()関数
```

```
58  def ap():
59      """
60          規則⑦  <形容詞句>→<形容詞><形容詞句>
61          規則⑧  <形容詞句>→<形容詞>
62      """
63      print(alist[random.randint(0, len(alist) - 1)], end = '')
64      if(random.randint(0, 9) < 9):   # 規則⑦を10倍選択しやすくする
65          ap()
66  # ap()関数の終わり
67
68  # メイン実行部
69  # 名詞リストと動詞リストの設定
70  nlist = ['私', '彼', '彼女']
71  vlist = ['歩く', '走る', '泳ぐ' ,'寝る']
72  alist = ['赤い', '青い']
73  dlist = ['静かだ', '暖かだ']
74
75  # 文の生成
76  for i in range(50):
77      sentence()
78      print()
79
80  # gens2d.pyの終わり
```

A.3 第7章　backprop41.py プログラムのソースリスト

```
1   # -*- coding: utf-8 -*-
2   """
3   backprop41.pyプログラム
4   4入力1出力版のbackprop.pyプログラムです
5   バックプロパゲーションによるニューラルネットワークの学習
6   誤差の推移や、学習結果となる結合荷重などを出力します
7   使い方  c:\>python backprop41.py < data.txt
8   """
9   # モジュールのインポート
10  import math
11  import sys
12  import random
```

```
13
14   # グローバル変数
15   INPUTNO = 4        # 入力層のセル数
16   HIDDENNO = 2       # 中間層のセル数
17   ALPHA = 3          # 学習係数
18   MAXINPUTNO = 100   # データの最大個数
19   BIGNUM = 100.0     # 誤差の初期値
20   ERRLIMIT = 0.01    # 誤差の上限値
21   SEED = 65535       # 乱数のシード
22
23   # 下請け関数の定義
24   # getdata()関数
25   def getdata(e):
26      """学習データの読み込み"""
27      n = 0 # データセットの個数
28      # データの入力
29      for line in sys.stdin :
30        e[n] = [float(num) for num in line.split()]
31        n += 1
32      return n
33   # getdata()関数の終わり
34
35   # forward()関数
36   def forward(wh,wo,hi,e):
37      """順方向の計算"""
38      # hiの計算
39      for i in range(HIDDENNO):
40        u = 0.0
41        for j in range(INPUTNO):
42          u += e[j] * wh[i][j]
43        u -= wh[i][INPUTNO] # しきい値の処理
44        hi[i] = f(u)
45      # 出力oの計算
46      o=0.0
47      for i in range(HIDDENNO):
48        o += hi[i] * wo[i]
49      o -= wo[HIDDENNO] # しきい値の処理
50      return f(o)
51   # forward()関数の終わり
52
53   # f()関数
54   def f(u):
```

```
55     """伝達関数"""
56     # シグモイド関数の計算
57     return 1.0/(1.0 + math.exp(-u))
58  # f()関数の終わり
59
60  # olearn()関数
61  def olearn(wo,hi,e,o):
62     """出力層の重み学習"""
63     # 誤差の計算
64     error = (e[INPUTNO] - o) * o * (1 - o)
65     # 重みの学習
66     for i in range(HIDDENNO):
67       wo[i] += ALPHA * hi[i] * error
68     # しきい値の学習
69     wo[HIDDENNO] += ALPHA * (-1.0) * error
70     return
71  # olearn()関数の終わり
72
73  # hlearn()関数
74  def hlearn(wh,wo,hi,e,o):
75     """中間層の重み学習"""
76     # 中間層の各セルjを対象
77     for j in range(HIDDENNO):
78       errorj = hi[j] * (1 - hi[j]) ¥
79           * wo[j] * (e[INPUTNO] - o) * o * (1 - o)
80       # i番目の重みを処理
81       for i in range(INPUTNO):
82         wh[j][i] += ALPHA * e[i] * errorj
83       # しきい値の学習
84       wh[j][INPUTNO] += ALPHA * (-1.0) * errorj
85     return
86  # hlearn()関数の終わり
87
88  # メイン実行部
89  # 乱数の初期化
90  random.seed(SEED)
91
92  # 変数の準備
93  wh = [[random.uniform(-1,1) for i in range(INPUTNO + 1)]
94       for j in range(HIDDENNO)]          # 中間層の重み
95  wo = [random.uniform(-1,1)
96     for i in range(HIDDENNO + 1)]        # 出力層の重み
```

```
 97  e = [[0.0 for i in range(INPUTNO + 1)]
 98      for j in range(MAXINPUTNO)]        # 学習データセット
 99  hi = [0 for i in range(HIDDENNO + 1)] # 中間層の出力
100  totalerr = BIGNUM                      # 誤差の評価
101
102  # 結合荷重の初期値の出力
103  print(wh,wo)
104
105  # 学習データの読み込み
106  n = getdata(e)
107  print("学習データの個数:",n)
108
109  # 学習
110  count = 0
111  while totalerr > ERRLIMIT :
112    totalerr = 0.0
113    for j in range(n):
114      # 順方向の計算
115      output = forward(wh,wo,hi,e[j])
116      # 出力層の重みの調整
117      olearn(wo,hi,e[j],output)
118      # 中間層の重みの調整
119      hlearn(wh,wo,hi,e[j],output)
120      # 誤差の積算
121      totalerr += (output - e[j][INPUTNO]) * (output - e[j][INPUTNO])
122    count += 1
123    # 誤差の出力
124    print(count," ",totalerr)
125  # 結合荷重の出力
126  print(wh,wo)
127
128  # 学習データに対する出力
129  for i in range(n):
130    print(i,":",e[i],"->",forward(wh,wo,hi,e[i]))
131
132  # backprop41.pyの終わり
```

参考文献

全般

[1] 人工知能学会 編『人工知能学大事典』共立出版，2017
    人工知能のさまざまな領域を網羅する事典。

[2] Stuart Russell, Peter Norvig, "Artificial Intelligence: A Modern Approach, Third Edition", Pearson Education Limited, 2016
    人工知能全般の定番教科書の第3版。なお旧版（第2版）については、下記の日本語訳書が出版されている。
    S. J. Russell, P. Norvig 著，古川康一 監訳『エージェントアプローチ人工知能 第2版』共立出版，2008

第1章

[1] A. M. Turing: "COMPUTING MACHINERY AND INTELLIGENCE", Mind, 59, 433-460
    チューリングテストのオリジナル論文。

[2] J. McCarthy, M. L. Minsky, N. Rochester, C.E. Shannon, "A PROPOSAL FOR THE DARTMOUTH SUMMER RESEARCH PROJECT ON ARTIFICIAL INTELLIGENCE", 1955
    ダートマス会議の1年前に提出された、同会議に関する提案書。

[3] http://hci.stanford.edu/~winograd/shrdlu/
    ウィノグラードの積み木の世界に関する Web サイト。

[4] Joseph Weizenbaum, "ELIZA—A Computer Program For the Study of Natural Language Communication Between Man and Machine", CACM, Vol. 9, No. 1 (January 1966): 36-45
    イライザプログラムの作り方に関する原論文。プログラムリストやアルゴリズムの詳細が記載されている。

[5] https://loebner.net/
    チューリングテストをコンテストとしたロブナーコンテストのホームページ。[1] のチューリングのオリジナル論文も掲載されている。

[6] https://www.python.org/
    Python の公式 Web サイト。

第 2 章

[1] 辻井潤一 編，北研二 著『言語と計算 4　確率的言語モデル』東京大学出版会，1999
　　n-gram やマルコフ連鎖の詳しい解説が日本語で読める教科書。

[2] 長尾真 編『岩波講座ソフトウェア科学〈〔知識〕15〉　自然言語処理』，岩波書店，1996
　　人工知能の大家による、n-gram から言語理解までを集大成した教科書。難しい内容を非常にわかりやすく記述している点がすばらしい。

[3] 青空文庫　https://www.aozora.gr.jp/
　　著作権保護期間が過ぎた文学作品などを電子可読形式で提供する Web サイト。

[4] 末吉美喜『テキストマイニング入門　Excel と KH Coder でわかるデータ分析』オーム社，2019
　　現代的なテキスト処理の技術を紹介した技術書。

第 3 章

[1] 田中穂積 監修『自然言語処理―基礎と応用―』電子情報通信学会，1999
　　日本語処理の大家による、日本語処理技術の集大成的教科書。

[2] 郡司隆男，他『岩波講座　言語の科学〈4〉　意味』岩波書店，1998

[3] 田窪行則，他『岩波講座　言語の科学〈6〉　生成文法』岩波書店，1998
　　人工知能の立場からも得るところの大きい、言語学のテキスト。

[4] 長谷川信子『生成日本語学入門』大修館書店，1999
　　生成文法の日本語への適用について言語学的側面から議論したテキスト。

[5] 広瀬啓吉『電子情報通信レクチャーシリーズ C-8　音声・言語処理』コロナ社，2015
　　自然言語処理に関する教科書。

第 4 章

[1] 河原達也 編著『IT Text 音声認識システム（改訂 2 版)』オーム社，2016
　　深層学習の応用も含めて音声認識全般について扱った教科書。

第 5 章

[1] R. C. シャンク，C. K. リーズベック 編，石崎俊 訳『自然言語理解入門―LISP で書いた五つの知的プログラム』総研出版，1986
　　スクリプト表現の提案者による入門書。

第 6 章

[1] 小高知宏『機械学習と深層学習—C 言語によるシミュレーション—』オーム社，
2016
ニューラルネットワークなどの機械学習アルゴリズムの、C 言語による実装
についての入門書。

[2] 小高知宏『機械学習と深層学習—Python によるシミュレーション—』オーム
社，2018
ニューラルネットワークなどの機械学習アルゴリズムの、Python による実装
についての入門書。

第 7 章

[1] Ian Goodfellow, Yoshua Bengio, Aaron Courville, "Deep Learning", MIT Press,
2016
http://www.deeplearningbook.org/
ディープラーニングの原理と応用に関する教科書。

[2] 岡谷貴之『深層学習（機械学習プロフェッショナルシリーズ)』講談社，2015
ディープラーニングの諸技術に言及したテキスト。

[3] 斎藤康毅『ゼロから作る Deep Learning—Python で学ぶディープラーニング
の理論と実装』オライリー・ジャパン，2016
ディープラーニングを実際に利用する場合の実装技術を紹介した技術書。

第 8 章

[1] 岡田直之 編「感情のモデルと工学的応用の動向」日本ファジィ学会誌，Vol.
12, No. 6, pp. 2-51, 2000
感情について工学的観点から解説した総説論文。

第 9 章

[1] Searle, John R. "Minds, brains, and programs", Behavioral and Brain
Sciences 3 (3): 417-457, 1980
「中国語の部屋」について論じた論文。

[2] David Silver, et al. "Mastering the game of Go with deep neural networks
and tree search", Nature, Vol. 529, pp. 484-503, 2016
囲碁 AI プレーヤープログラム AlphaGo に関する初期の論文。

[3] David Silver, et al. "Mastering the game of Go without human knowledge",
Nature, Vol. 550, pp. 354-359, 2017
囲碁 AI プレーヤープログラム AlphaGo Zero に関する論文。

索　引

索 引

〈著者略歴〉

小 高 知 宏（おだか ともひろ）

1983 年　早稲田大学理工学部　卒業
1990 年　早稲田大学大学院理工学研究科後期課程　修了、工学博士
　　　　九州大学医学部附属病院　助手
1993 年　福井大学工学部情報工学科　助教授
1999 年　福井大学工学部知能システム工学科　助教授
2004 年　福井大学大学院工学研究科　教授
　　　　現在に至る

〈主な著書〉
『これならできる！　C プログラミング入門』、『TCP/IP で学ぶコンピュータネットワークの基礎（第 2 版）』、『TCP/IP で学ぶネットワークシステム』（以上、森北出版）
『人工知能システムの構成』（近代科学社、共著）
『基礎からわかる TCP/IP アナライザ作成とパケット解析（第 2 版）』、『機械学習と深層学習　C 言語によるシミュレーション』、『強化学習と深層学習　C 言語によるシミュレーション』、『Python による数値計算とシミュレーション』、『機械学習と深層学習　Python によるシミュレーション』、『Python による TCP/IP ソケットプログラミング』、『基礎から学ぶ人工知能の教科書』（以上、オーム社）

〈イラスト〉
白井匠（白井図画室）

Python で学ぶ

はじめての AI プログラミング
自然言語処理と音声処理

2020 年 9 月 20 日　　第 1 版第 1 刷発行

著　　者　小 高 知 宏
発 行 者　村 上 和 夫
発 行 所　株式会社 オーム社
　　　　　郵便番号　101-8460
　　　　　東京都千代田区神田錦町 3-1
　　　　　電　話　03（3233）0641（代表）
　　　　　URL　https://www.ohmsha.co.jp/

© 小高知宏 2020

組版　チューリング　　印刷・製本　三美印刷
ISBN978-4-274-22596-3　Printed in Japan

本書の感想募集　https://www.ohmsha.co.jp/kansou/
本書をお読みになった感想を上記サイトまでお寄せください．
お寄せいただいた方には，抽選でプレゼントを差し上げます．